Neue Untersuchungen

über

Fleischextrakt.

Von

Dr. Lebbin,

Nahrungsmittelchemiker.

1915.

Springer-Verlag Berlin Heidelberg GmbH

ISBN 978-3-662-23248-4   ISBN 978-3-662-25270-3 (eBook)
DOI 10.1007/978-3-662-25270-3

Ueber die Frage, was Fleischextrakt ist, der doch schon so lange Jahre im Gebrauch steht, ist die Diskussion neuerdings wieder lebhafter in Fluss geraten, als die aufblühende Bouillonwürfelindustrie daran gehen musste, die Mindestanforderungen an Bouillonwürfel festzusetzen.

Solange war man bloss halb interessiert und ziemlich achtlos an den Fragen nach der Gewinnung und der Zusammensetzung des Fleischextraktes vorübergegangen. Zwei Punkte freilich hatten die physiologischen Chemiker schon seit Jahren lebhaft beschäftigt und drängten nach Aufklärung.

Der eine Punkt war der Gehalt an **Bernsteinsäure**, welche Salkowski vor mehreren Jahrzehnten im Fleischextrakt nachgewiesen hatte, deren Herkunft aber nicht ohne weiteres erklärbar war. Der andere Punkt war die Frage nach der Form der **Stickstoffverteilung** im Fleischextrakt, welche schliesslich zu der anfangs wohl überraschenden, jetzt aber selbstverständlich erscheinenden Antwort führte, dass ein erheblicher Teil des Fleischextrakt-Stickstoffes sich in Form von Aminosäuren vorfindet.

Hierneben war noch eine grössere Zahl von Fragen, die bisher mehr oder weniger oberflächlich behandelt waren, zu studieren, insbesondere die **Herstellungsmethode** dieses viel gebrauchten Würzstoffes, den wir unter dem Namen „Fleischextrakt" zu kaufen gewöhnt sind.

Die stetige Antwort der Fabrikanten, man arbeite, wie es Justus von Liebig seiner Zeit vorgeschrieben habe, wurde vielfach als nicht mehr zutreffend angesehen und insbesondere angenommen, dass die Ausbeuteverhältnisse sowohl wie die allgemeine Zusammensetzung der Extrakte andere geworden seien.

Das geht unter anderm aus vielen Aeusserungen der Fachliteratur hervor.

Es mag genügen, darauf hinzuweisen, dass König in seinem bekannten Buch „Chemie der menschlichen Nahrungs- und Genussmittel", 4. Aufl., Bd. 2, S. 454, sagt: „Ueber die Art der Herstellung von Fleischextrakt ist Genaues nicht bekannt", und Bd. 3, Teil 2, S. 122: „Der Liebigsche Extrakt wird **angeblich** in der Weise gewonnen".

Ich selbst habe in meiner „Allgemeinen Nahrungsmittelkunde" (Berlin 1911) auf S. 112 ebenfalls auf unsere mangelhafte Kenntnis wie folgt hingewiesen:

„Als Typus der den Markt füllenden zahlreichen Marken gilt der Liebigsche Fleischextrakt. Nicht, dass dieses Fabrikat von unübertrefflicher Qualität wäre: dazu ist die Herstellung viel zu sehr mit Geheimniskrämerei umgeben, deren es kaum bedürfte, wenn alles so ist, wie die Konsumenten anzunehmen stillschweigend veranlasst werden.

Diese Annahme geht dahin, dass gutes, möglichst fettfreies Rindfleisch mit kaltem Wasser übergossen und langsam auf Siedetemperatur gebracht wird. Die vom Rindfleisch abgesonderte und vom Fett befreite filtrierte Lösung wird in Vakuumapparaten eingedampft und der Rückstand als Fleischextrakt bezeichnet.

Positive Angaben, die diesen Grundzügen der Herstellung entgegen wären, sind zwar nicht bekannt geworden. Gelegentliche Zweifel sind im wesentlichen darauf zurückzuführen, dass die Liebiggesellschaft sich mit einem nicht recht verständlichen Geheimnis umhüllt, und dass die in den wissenschaftlichen Laboratorien hergestellten Extrakte oft abweichende Eigenschaften von dem sogenannten Liebigschen Erzeugnis aufweisen."

Unter diesen Umständen erschien es zweckmässig, durch Experimentalversuche die mangelnden Angaben der Fabrikanten zu ersetzen. Es handelte sich für mich also im wesentlichen darum, durch Selbstherstellung von Fleischextrakten und deren Untersuchung Anhaltspunkte darüber zu gewinnen, welche Vorgänge chemischer Art bei der Herstellung von Fleischextrakt sich abspielen, in welcher Weise Variationen der Fabrikation von Bedeutung hierfür sind und wie das Rohmaterial durch verschiedenartige Vorbehandlung vor der Herstellung des Extraktes auf den letzteren selbst Einfluss gewinnt.

Es wurde aus naheliegenden Gründen darauf verzichtet, Extrakte aus anderm Rohmaterial als aus Ochsenfleisch zu gewinnen; weder Bullen-, noch Kuhfleisch, Kalbfleisch, Hammelfleisch usw. wurden in Betracht gezogen.

Um alle Einflüsse infolge Verschiedenartigkeit der Rasse oder des Einzeltieres oder der Fütterung oder sonstige minutiöse Unterschiede von vornherein gänzlich auszuschalten, wurden sämtliche Extrakte aus dem Fleisch ein und desselben Tieres gewonnen, so dass alle Unterschiede, welche sich fanden, ganz ausschliesslich auf den Modus der Herstellung bezogen werden müssen, und die gewonnenen Präparate im vollen Umfang miteinander vergleichbar sind.

Am Montag, den 15. Dezember 1913, vormittags 11 Uhr, wurde in meiner Gegenwart und der des gerichtlichen Sachverständigen Fleischermeisters Hermann Koch auf Kammer 42 des Berliner Schlachthofes ein ostpreussischer Ochse im Gewicht von 625 kg, dessen Alter der zuständige Tierarzt, Herr Koch und die Schlächtergesellen übereinstimmend auf $3^1/_2$ Jahre schätzten, durch Schächten geschlachtet. Bei der amtlichen Fleischbeschau wurde das Tier als völlig gesund erklärt. Auf dem noch lebenswarmen Fleisch, das die Siegel und Stempel der Fleischbeschau trug, wurden an mehreren Stellen diesseits noch amtliche Siegel angebracht, die jede Verwechslung ausschlossen, so dass volle Sicherheit dafür vorhanden ist, dass sämtliches zur Verarbeitung gelangtes Fleisch von dem gleichen beschriebenen Tier stammt. Im übrigen übernahm Herr Koch die Aufsicht über die Aufbewahrung des Fleisches bis zur jeweiligen Verarbeitung.

Am Schlachttage wurden sofort nach Freigabe durch den Tierarzt 36 kg knochenfreies Fleisch von der Hinterkeule in die der Simonschen Apotheke in Berlin angegliederte Fabrik geschafft und mechanisch vom Fett befreit. Das Muskelfleisch wurde durch einen eigens neu beschafften Wolf gedreht und in zwei Portionen geteilt, die sofort zur Verarbeitung kamen.

Extrakt 1.

15 kg des frischen Fleisches wurden gegen 4 Uhr, also 5 Stunden nach der Tötung des Tieres mit 30 Liter destilliertem Wasser übergossen und in einem doppelwandigen Kochkessel mit indirektem Dampf bis zum Sieden erhitzt, das Sieden $1^3/_4$ Std.

unterhalten. Dann wurde die heisse Bouillon durch ein Tuch geseiht, der Rückstand abgepresst.

Es hinterblieben 7,5 kg Pressrückstand mit 54% Wassergehalt. Die gewogene Pressflüssigkeit betrug 13,2 kg. Durch Eindampfen der abgepressten 13,2 kg Bouillon wurden 560 g Extrakt erhalten.

Da 13,2 Liter Bouillon 560 g Extrakt ergaben, hatte jeder Liter 42,24 g Extrakt enthalten. Die $7^1/_2$ kg Pressrückstand mit 54% Wasser enthielten demnach noch 4,05 Liter Bouillon mit 171,2 g Extrakt der gewonnenen Art, so dass die Gesamtausbeute im Fabrikbetriebe 739 g betragen hätte.

Extrakt 2.

16 kg Fleisch der gleichen Art wie bei 1 wurden mit 24 Litern destilliertes Wasser übergossen und bei einer 45° nicht übersteigenden Temperatur $1^3/_4$ Std. lang digeriert, dann einmal kurz gesiedet, koliert und abgepresst. Die hinterbliebenen 8 kg Pressrückstand hatten 49,4% Wassergehalt. Die Kolatur betrug 26 Liter, die beim Eindampfen 500 g Extrakt ergaben. Da die 8 kg Pressrückstand noch 3,95 Liter Bouillon enthielten, wären im Fabrikbetriebe 78 g Extrakt mehr gewonnen worden, so dass die Gesamtausbeute 578 g betragen hätte.

Bei den beiden beschriebenen Extrakten 1 und 2 war es nicht möglich, das Eindampfen der Flüssigkeit noch am gleichen Tage zu vollenden. Nach ziemlich weit vorgeschrittener Konzentration wurden deshalb die Kessel zugebunden und versiegelt. Das am folgenden Morgen bei beiden Portionen sich findende erstarrte Fett wurde durch Abheben entfernt.

Extrakt 3.

Am folgenden Tage, also am 16. Dezember, nachdem der Rest des geschlachteten Tieres vollständig abgekühlt war, wurde gegen 1 Uhr die Einteilung des Fleisches für die übrigen Portionen vorgenommen. Ein Teil im Gewicht von 13 kg (knochen- und fettfrei) wurde mit halbprozentiger Salzsäure übergossen und nach einigen Minuten wieder von der Flüssigkeit durch Abgiessen befreit, so dass nur die mechanisch anhaftende kleine Salzsäuremenge verblieb. Das Fleisch blieb so vom 16. bis zum 19. Dezember hängen und zwar in einem Kellerraum der Simonschen Apotheke bei einer Temperatur von 8—10°. Als die Verarbeitung am 19. Dezember fortgesetzt wurde, war das Fleisch äusserlich etwas schmierig und schwärzlich in der Farbe geworden, es hatte auch Geruch angenommen. Es war jedoch innerlich noch ausserordentlich frisch riechend und von guter Farbe, wie überhaupt von einwandfreier Beschaffenheit. Es wurde nichts mit dem Fleisch vorgenommen, um die äusseren Zersetzungsprodukte zu entfernen, vielmehr wurde das ganze Fleisch durch den Wolf gedreht und mit 20 Litern Wasser $1^3/_4$ Std. lang bei einer 45° nicht übersteigenden Temperatur. digeriert. Nach Ablauf dieser Zeit wurde die Flüssigkeit während 10 Minuten im Sieden erhalten. Beim Abpressen wurden 22,3 kg Kolatur erhalten neben 6,15 kg Pressrückstand. Der Wassergehalt in diesem betrug 60,8 %. Beim Eindampfen der Kolatur stellte sich heraus, dass infolge hohen Säuregehaltes eine unklare Bouillon resultierte. Es wurden deshalb einige Kubikzentimeter Natronlauge zugesetzt, aber so, dass die Reaktion noch schwach sauer blieb. Nach nochmaliger Kolatur zur Entfernung des ausgeschiedenen Acidalbumins hinterblieben beim Eindampfen 649 g Extrakt, so dass jedes Liter Bouillon 29,1 kg Extrakt enthalten hatte. Der Pressrückstand enthielt 3,74 Liter Wasser mit noch 112 g Extrakt, so dass die fabrikmässige Gesamtausbeute sich auf $649 + 112 = 761$ g berechnet.

Extrakt 4.

Am Tage nach der Schlachtung, also am 16. Dezember, wurde ein Fleischstück, das nachher 12,7 kg fett- und knochenfreies Muskelfleisch ergab, in halbprozentige Salzsäure eingelegt, so dass es völlig bedeckt war, und in dieser Lage 6 Tage lang bei 15° aufbewahrt. Alsdann wurde die Säure fortgegossen und das Fleisch genau wie bei Extrakt 3 verarbeitet. Das Fleisch war äusserlich von blassroter Beschaffenheit bis etwa 1 cm tief, von da ab im ganzen Innern von bekannter roter Farbe. Auf der Oberfläche hatte es einen geringfügigen Geruch angenommen, wie wenn es vor dem Beginn der Zersetzung stünde. Im Innern war es jedoch nicht nur schön rot, sondern auch von völlig normalem Fleischgeruch.

Die Digestion wurde 2 Std. lang bei 45° durchgeführt unter Anwendung von 19 Litern destilliertes Wasser. Wir erhielten 6 kg Pressrückstand mit einem Wassergehalt von 55,1 % und 21,7 kg Kolatur. Die Bouillon wurde wiederum durch Neutralisieren mit Natronlauge bis zur schwach sauren Reaktion abgestumpft. Die

Ausbeute betrug 530 g Extrakt, so dass also 1 Liter Bouillon 24,42 g Extrakt ergab. Da im Pressrückstand sich noch 3,3 kg Wasser befanden, so gingen mit ihm 83 g Extrakt verloren. Die fabrikmässige Ausbeute hätte 613 g betragen.

Extrakt 5.

Ein Stück Fleisch von 16 kg wurde vom 15. Dezember 1913 bis zum 8. Januar 1914, also 23 Tage lang, freihängend im Kühlraum des Viehhofes aufbewahrt. Nach dieser Zeit war das Fleisch äusserlich dunkel, stark riechend, schmierig, teilweise auch schimmlig. Innerlich dagegen war es von tadelloser Beschaffenheit, sah gut aus und zeigte auch einen normalen Geruch. Es wurde äusserlich abgewaschen, mit Handtüchern abgetrocknet und dann in gewohnter Weise mit 24 kg Wasser aufgesetzt, 2 Std. bei 45° digeriert und die Bouillon abgepresst. Der Rückstand betrug 7,3 kg mit 57,57 % Wassergehalt, die Kolatur betrug 28 kg, die wie zuvor annähernd neutralisiert wurden und beim Eindampfen 700 g Extrakt hinterliessen, so dass also jedes Liter Bouillon 25 g Extrakt ergab. In den 7,3 kg Pressrückstand betrug die Wassermenge 4,2 kg, so dass mit ihm 108 g Extrakt verloren gingen und die fabrikmässige Ausbeute 808 g betragen hätte.

Extrakt 6.

15 kg knochen- und fettfreies Fleisch wurden genau wie das Fleisch zu Extrakt 5 23 Tage lang aufbewahrt, aber nicht im Kühlraum, sondern es blieb frei im Schlachtraum hängen. Das Fleisch zeigte äusserlich die gleiche Beschaffenheit wie das von Extrakt 5. Auch die Zubereitung war die gleiche. Es wurden 22 Liter Wasser verwendet und 8,2 kg Pressrückstand mit 61,3 % Wasser sowie 24 kg Kolatur erhalten. Diese hinterliessen beim Eindampfen 850 g Extrakt, so dass also jedes Liter 35,42 g Extrakt enthalten hatte. Der Pressrückstand enthielt noch 5,03 Liter Bouillon, so dass mit ihm 185 g Extrakt verloren gegangen sind und die fabrikmässige Ausbeute 1035 g betragen hätte.

Die erhaltenen Extrakte zeigten folgende Beschaffenheit:

1. Farbe: dunkel, Konsistenz etwas leimig, Geschmack wenig salzig, von normaler Beschaffenheit.
2. Farbe: dunkel, weniger leimig als 1. und ebenfalls weniger salzig, aber gut und normal.

3. Farbe: etwas heller, Geruch normal, nicht leimig, wenig salzig, Geschmack normal.

4. Hellbraune Farbe, einwandfreier Geruch und Geschmack, normale Eigenschaften.

5. Dunklere Farbe, wenig leimige Beschaffenheit, Geruch und Geschmack normal.

6. Wie 5.

Im übrigen geben die folgenden Tabellen, insbesondere Nr.VIII, eine Uebersicht über die Ausbeuteverhältnisse.

Die **Untersuchung dieser Extrakte** sowohl wie der aus dem Handel bezogenen geschah nach der im folgenden beschriebenen Methodik. Im allgemeinen wurden bekannte Verfahren zugrunde gelegt, doch stellte es sich als notwendig heraus, an verschiedenen Stellen eine bessernde Hand anzulegen, so dass es gerechtfertigt erscheint, die **Methodik** hier im Zusammenhang zu schildern.

1. Wasser.

5—10 g Fleischextrakt werden in etwa der gleichen Menge Wasser gelöst, die Lösung mit 15 g Seesand im Trockenschrank bei 103° bis zur Gewichtskonstanz getrocknet. Die Konstanz tritt etwa nach 6 Stunden ein.

2. Mineralstoffe.

Ca. 3 g Fleischextrakt werden im Porzellantiegel zunächst über einem Pilzbrenner vorsichtig getrocknet und verkohlt, die verkohlte Masse mit Wasser extrahiert. Der kohlige Rückstand wird zunächst für sich getrocknet, verbrannt und gewogen. Die entstandene Lösung wird zu dem gewogenen unlöslichen Anteil gegeben, auf dem Wasserbade zur Trockne verdampft, im Trockenschrank ca. 3 Std. nachgetrocknet und dann ganz schwach geglüht und gewogen.

3. Einzelbestandteile der Asche.
(Chlor und Phosphor.)

a) Chlor: Die gewogene Gesamtasche wird mit destilliertem Wasser übergossen, nach Zusatz von etwa 1—1,5 ccm Salpetersäure unter Erwärmen gelöst und die entstandene Lösung auf 100 ccm gefüllt.

Oft fand sich beim Auflösen ein geringfügiger unlöslicher Rückstand, der zutreffendenfalls zur Wägung gebracht wurde.

10 ccm der entstandenen Aschenlösung werden nochmals mit einigen Kubikzentimetern Salpetersäure versetzt, aus der erwärmten Lösung das Chlor als Chlorsilber gefällt und in bekannter Weise zur Wägung gebracht. Die maassanalytischen Methoden wurden gänzlich aufgegeben.

b) Phosphorsäure: ca. 0,5 g Fleischextrakt werden mit Zusatz von Natriumkarbonat verascht und die entstandene Asche mit verdünnter Salpetersäure gelöst. Die Lösung wird etwa $^1/_2$ Std. lang erhitzt, zur Trockne verdampft und der Rückstand mit verdünnter Salpetersäure wieder aufgenommen.

Zu dieser Lösung setzt man soviel Molybdänlösung (Vorschrift siehe S. 11), dass auf je 0,1 g P_2O_5 mindestens 50 ccm Lösung entfallen und erhitzt etwa 3 Std. lang auf 60—70°. Dann lässt man wenigstens 3 Std. abkühlen, stehen und filtriert. Um die Bildung des Niederschlages zu beschleunigen, gibt man ein Viertel Volumen der Mischung Ammoniumnitratlösung hinzu (ganz konzentriert: 750 g Ammoniumnitrat in 1 Liter). Den Niederschlag wäscht man durch wiederholtes Dekantieren im Becherglas, indem man Sorge trägt, dass möglichst wenig auf das kleine Filter kommt, und wäscht ihn mit Ammoniumnitratlösung, der man etwas Salpetersäure zugesetzt hat, bis zum Verschwinden der Kalkreaktion.

Die Kalkreaktion wird in der Weise ausgeführt, dass etwa 1 ccm Waschwasser mit Alkohol, der etwas freie Schwefelsäure enthält, versetzt wird. Es darf keine Trübung entstehen.

Unter den Trichter mit dem darauf befindlichen kleinen Teil des Niederschlages setzt man nach beendigtem Auswaschen das Becherglas, in dem die Ausfällung stattfand und in dem sich der Hauptteil des Niederschlages noch befindet, und behandelt das Filter mit möglichst wenig Ammoniak (1 Teil Ammoniak, 3 Teile Wasser) so lange, bis der Niederschlag sich ganz gelöst hat, wäscht mit heissem Wasser gut nach (7- bis 8mal abspritzen), so dass die ganze Lösung in das Becherglas zurückfliesst. Sollte der Niederschlag in dem Becherglase sich hierdurch noch nicht ganz gelöst haben, so muss man noch so viel Ammoniak zugeben, bis eine vollkommen klare Lösung entstanden ist.

In der gewonnenen Lösung des phosphormolybdänsauren Ammoniums geschieht die Fällung der Phosphorsäure so, dass der gesamte Molybdänniederschlag in etwa 100 ccm 2proz. Ammoniak gelöst ist, und versetzt diese Lösung tropfenweise unter stetem Umrühren mit 15 ccm Magnesia-Mixtur. Der Niederschlag muss wenigstens 4 Std. stehen, am besten über Nacht, dann wird er abfiltriert, mit verdünntem Ammoniak bis zum Verschwinden der Chlorreaktion ausgewaschen, zunächst kurze Zeit an der Luft oder im Trockenschrank getrocknet und alsdann verbrannt und geglüht.

Erforderliche Lösungen.

1. Molybdänlösung: 150 g molybdänsaures Ammonium werden mit Wasser zu einem Liter gelöst, diese Lösung in einem Liter Salpetersäure von 1,2 hineingegossen. Die Lösung muss 24 Std. an einem warmen Orte stehen, bevor sie verwendet wird und von einem etwaigen gelben Niederschlag abfiltriert werden.

2. Ammoniumnitratlösung zur Beförderung des Niederschlages: 750 g Ammoniumnitrat mit Wasser zu 1 Liter Flüssigkeit.

3. Ammoniumnitratlösung zum Auswaschen: 150 g Ammoniumnitrat, 10 ccm Salpetersäure werden mit Wasser zu 1 Liter gelöst.

4. Magnesia-Mixtur: 55 g kristallisiertes Chlormagnesium, 70 g Ammoniumchlorid werden in 650 ccm Wasser gelöst und mit Ammoniak von 8% Gehalt auf 1 Liter gefüllt. Die Lösung muss mehrere Tage stehen und wird dann filtriert.

Berechnung der Phosphorsäure.

Das Gewicht der durch Glühen entstandenen pyrophosphorsauren Magnesia mal 0,6397 ergibt die darin enthaltene Menge Phosphorpentoxyd.

Will man die Phosphorsäure nicht als Phosphorpentoxyd, sondern als Rest PO_4 annehmen, so hat man den Wert von P_2O_5 mit 1,338 zu multiplizieren.

4. Fett.

Ca. 10 g Fleischextrakt werden in einem Messzylinder in ca. 20 ccm Wasser und einigen Kubikzentimetern Salzsäure gelöst und dann mit Petroläther ausgeschüttelt. Die entstandene Petrolätherlösung wird auf ein bestimmtes Volumen gebracht, davon 25 ccm mit der Pipette abgehoben, der Petroläther in einem tarierten Kölbchen verjagt und der Rückstand gewogen.

5. Alkoholisches Extrakt (nach Liebig).

2 g Fleischextrakt werden in 9 ccm Wasser gelöst, die Lösung mit 50 ccm Weingeist von 93 Volumprozenten versetzt. Der entstehende Niederschlag setzt sich fest an das Glas. Die klare Lösung wird ohne Filtrieren in ein tariertes Porzellanschälchen abgegossen, der Niederschlag noch zweimal mit 80 proz. Alkohol ausgewaschen, letzteres in die Schale gegeben, der Alkohol verdunstet, der entstandene Auszug 6 Std. im Trockenschrank getrocknet.

6. Freie Säure

a) als Gesamtsäure: Ca. 2 g Fleischextrakt werden in ca. 50 ccm kaltem Wasser gelöst und mit $n/_4$ Natronlauge unter Anwendung von empfindlichem Lackmuspapier zum Tüpfeln neutralisiert. Die Berechnung auf eine bestimmte Säure, insbesondere Milchsäure, wurde unterlassen.

b) Flüchtige Säure: Manche Fleischextrakte geben ein saures Destillat, einige wenige ein alkalisches. Neutrale Destillate wurden bisher hier nicht erhalten.

Zur Ausführung wurden 5 bis 10 g Fleischextrakt in etwa 50 ccm Wasser gelöst und unter Anwendung von Wasserdampf etwa 150 ccm Destillat erzeugt. Alsdann zeigt die destillierende Flüssigkeit meist bereits neutrale Reaktion. Unter Umständen müsste jedoch bis zum Eintreten der Neutralität noch weiter destilliert werden. Die flüchtige Säure wurde als Essigsäure berechnet, das flüchtige Alkali als Ammoniak.

1 ccm $n/_{10}$ Lauge $= 0,006$ g Essigsäure.

1 ccm $n/_{10}$ Säure $= 0,0017$ g Ammoniak.

7. Stickstoff.

a) Gesamtstickstoff: 0,2—0,3 g Fleischextrakt wurden auf einem tarierten Stückchen Staniol abgewogen, in bekannter Weise unter Zugabe von etwas metallischem Kupfer zerstört und der Stickstoff nach Kjehldal bestimmt.

b) Ammoniakstickstoff: 10 g Fleischextrakt wurden in etwa 500 ccm Wasser gelöst und nach Zusatz von etwa 10 g gebrannter Magnesia die Hälfte der Flüssigkeit abdestilliert. Vorgelegt wurden etwa 25 ccm Normalschwefelsäure. Bei Titration des Destillats diente Methylorange als Indikator. Auch Kongorot eignet sich gut.

c) Albumosenstickstoff: 10 g Fleischextrakt werden zu 100 ccm mit Wasser gelöst. 10 ccm dieser Lösung = 1 g Fleischextrakt werden mit 1 ccm verdünnter Schwefelsäure (20 %) versetzt und mit Zinksulfat übersättigt, indem man dieses Salz in fein gepulvertem Zustande anwendet. Die vollgesättigte Lösung lässt man am besten über Nacht stehen, filtriert ab und wäscht den Rückstand auf dem Filter mit konzentrierter Zinksulfatlösung nach. Das noch feuchte Filter mit Inhalt wird in einen Kjehldalkolben gebracht und verbrannt. Von dem gefundenen Stickstoffgehalt wird die dem Filter entsprechende Menge abgezogen.

d) Durch Phosphorwolframsäure fällbarer Stickstoff: 1 g Fleischextrakt wird unter Zugabe von 7 g reiner Schwefelsäure zu etwa 100 ccm gelöst und zu dieser Lösung 100 ccm Phosphorwolframsäurelösung gefügt. Diese wurde bereitet, indem 200 g kristallisiertes Natriumwolframat und 120 g Natriumphosphat mit Wasser zu 1 Liter gelöst wurden.

Diese Lösung, welche den Vorschriften der „Vereinbarungen" entspricht (bis auf den offenbaren Ausdrucksfehler der Vereinbarungen „in" 1 Liter statt „zu" 1 Liter Wasser) genügt aber nicht der Grundforderung, dass 155 g WO_3 in 1 Liter der Lösung sein sollen.

Wir haben deshalb später die dieser Forderung entsprechende Menge von 221 g Natriumwolframat statt der obigen 200 g verwendet. Die wiedergegebenen Bestimmungen sind alle mit der schwächeren Lösung ausgeführt, sofern nicht ein anderes bemerkt ist. Von dieser wurden unmittelbar vor der Fällung der Fleischextraktlösung 75 ccm mit 25 ccm 25 proz. Schwefelsäure gemischt. Die Fällung liessen wir etwa eine volle Woche stehen, um sie sicher vollständig zu haben. Alsdann wurde der Niederschlag abfiltriert und mit Schwefelsäure von 6—7 % nachgewaschen. Das feuchte Filter (mit bekanntem Stickstoffgehalt) samt Niederschlag wurde in einen Kjehldalkolben überführt und in bekannter Weise verbrannt. Die Zerstörung dauert wesentlich länger als sonst bei Stickstoffbestimmungen. Von dem gefundenen Stickstoffgehalt wird der Gehalt des Filters abgezogen.

e) Gesamtkreatininstickstoff: In Form von Kreatin oder Kreatinin vorhandener Stickstoff wurde aus dem nach Nr. 10 ermittelten Gesamtkreatiningehalt durch Multiplizieren mit 0,3717 berechnet.

f) Xanthin: Die Ausführung dieser Bestimmung wurde bisher

unterlassen. Von den zur Verfügung stehenden Methoden ist am meisten üblich diejenige, welche im Codex alimentarius austriacus, Bd. 2, S. 352, angegeben ist.

g) Aminostickstoff: Das Filtrat von phosphorwolframsaurem Niederschlag wird mit β-Naphthalinsulfochlorid versetzt und diese Mischung im Schüttelapparat 15—18 Stunden geschüttelt, indem man im übrigen sich an folgende Originalvorschrift von Fischer und Bergell (Berichte der deutschen chemischen Gesellschaft 35, 3779, S. 197) hält:

Die Wechselwirkung zwischen Chlorid und Aminosäure vollzieht sich am besten unter folgenden Bedingungen. Zwei Mol.-Gew. Chlorid werden in Aether gelöst, dazu fügt man die Lösung der Aminosäure in der für ein Molekül berechneten Menge Normal-Natronlauge und schüttelt mit Hilfe einer Maschine bei gewöhnlicher Temperatur. In Intervallen von ein bis anderhalb Stunden fügt man dann noch dreimal die gleiche Menge Normal-Alkali hinzu. Der Ueberschuss des Chlorids ist erfahrungsgemäss für die Ausbeute vorteilhaft. Da es nicht vollständig verbraucht wird, so ist zum Schluss die wässerige Lösung noch alkalisch. Sie wird von der ätherischen Schicht getrennt, filtriert, wenn nötig nach der Klärung mit Tierkohle behandelt und mit Salzsäure übersättigt. Dabei fällt die schwer lösliche Naphthalinsulfoverbindung aus.

8. Glykogen

wurde nach der Methode von Lebbin bestimmt (Pharm. Zeitung, 1898, Nr. 58):

Man löst 25 g Fleischextrakt in 100 ccm Wasser und setzt 150 ccm 90proz. Alkohol zu, in dem 6 g Aetzkali gelöst sind. Nach ein- bis zweistündigem Stehen wird abfiltriert und mit dem gleichen alkalischen Alkohol nachgewaschen. Das Filter samt Niederschlag wird mit 50 ccm Wasser bis zur Lösung des letzteren digeriert, mit einem Tropfen Lackmustinktur versetzt und mit verdünnter Salzsäure ganz schwach angesäuert unter Vermeidung jeglicher Erwärmung. Man setzt alsdann Brückesches Reagens hinzu (20 g Sublimat in 300 ccm Wasser gelöst; 20 g Jodkalium in 100 ccm Wasser gelöst; die erstere Lösung in die zweite gegossen und dann langsam noch so viel Sublimatlösung hinzugegeben, bis der stets entstehende Niederschlag sich gerade noch auflöst), von dem man etwa 10 ccm gebraucht. Der entstehende Niederschlag wird nach kurzem Stehen, etwa eine halbe Stunde, abfiltriert, mit warmem Wasser ausgewaschen. Aus dem Filtrat fällt nach Vermischen mit dem gleichen Volumen 95 proz. Alkohol das Glykogen, das nach dem Absetzen auf einem gewogenen Filter gesammelt, erst mit Alkohol, dann mit Aether nachgewaschen, getrocknet und gewogen wird. Einen etwaigen geringen Aschengehalt kann man in Abzug bringen.

9. Bernsteinsäure.

Die Bestimmung der Bernsteinsäure bot viel Schwierigkeiten. Es stellte sich bald heraus, dass die bisherige Methodik keine Werte ergibt, die sich mit dem Begriff einer quantitativen Bestimmung vereinbaren lassen. Ich habe mich bemüht, neue Grundsätze ausfindig zu machen, da sich herausgestellt hat, dass das Ausäthern von Fleischextraktlösungen mit oder ohne vorhergehende Ausfällung der Albumosen niemals imstande ist, die ganze Bernsteinsäure in die ätherische Lösung zu überführen. Ich kam schliesslich zu dem Prinzip, umgekehrt zu verfahren wie meine Vorgänger: nicht die Bernsteinsäure aus dem Fleischextrakt herauszuholen, sondern vielmehr die anderen Begleitstoffe soweit wie möglich aus dem Extrakt zu entfernen. Das Resultat meiner Arbeiten ist die hier folgende Methode:

Man löst 25 g Fleischextrakt unter gelindem Erwärmen in 50 ccm Methylalkohol und erhält eine lehmig getrübte, unvollkommene Lösung, welche sich aber bei Zusatz von ca. 5 ccm 40 proz. Salzsäure unter Absatz eines kristallinischen weissen Niederschlages klärt. Zu dieser Lösung fügt man sukzessive 200 ccm Essigäther. Hierdurch entsteht ein reichlicher Niederschlag, welcher sich alsbald unter Klärung der Flüssigkeit fest an die Wandung setzt. Die klare Lösung wird abgegossen, der Niederschlag noch zweimal mit etwas Essigäther ausgekocht. Die Auskochungen werden zur Lösung gegeben, die Lösungsmittel dann aus dem Wasserbade abdestilliert, bis ein syrupöser Rückstand bleibt, der etwa 10—15 ccm ausmacht.

Diesen löst man, um die letzten Anteile Essigäther und Methylalkohol sicherer zu entfernen, nochmals in etwa 10 ccm Wasser. Diese Lösung setzt man etwa 1 Std. in ein siedendes Wasserbad und lässt sie dann über Nacht stehen, damit sich das fast stets vorhandene Fett in fester Form abscheidet. Man giesst die

Lösung durch ein ganz kleines Wattefilter und spült mit möglichst wenig kaltem Wasser nach, indem man das ganze Filtrat auf ca. 25 g Seesand fliessen lässt, und beginnt alsdann einzudampfen. Sobald der Sand nur noch eine feuchte Beschaffenheit zeigt, fügt man 10 g entwässertes Natriumsulfat hinzu, mischt gut durch, bringt die Mischung in den Trockenschrank, wo sie alsbald staubtrocken wird. Das Pulver wird in einen Kolben getan und hierin dreimal mit Essigäther am Rückflusskühler oder Steigerohr ausgekocht, das erste Mal mit 100 ccm $^1/_2$ Std. lang, die beiden anderen Male mit je 75 ccm $^1/_4$ Std. Die vereinigten Auskochungen werden aus dem Wasserbade abdestilliert, bis nichts mehr übergeht. Der Rückstand wird alsdann in etwa 50 ccm Wasser gelöst, mit einer Messerspitze bester Blutkohle (mit Salz- und Flussäure gewaschen) etwa $^1/_2$ Std. auf dem Wasserbade erwärmt, die Mischung in einen Zylinder überführt und nach dem Erkalten auf 55 ccm aufgefüllt. 50 ccm des Filtrates, also $^{10}/_{11}$ der angewandten Menge, werden mit einem Tropfen Phenolphthaleinlösung versetzt und mit konzentriertem klarem Barytwasser schwach alkalisch gemacht. In einem (tarierten) Becherglase wird diese Lösung dann so weit konzentriert, dass ca. 5 g Rückstand bleiben. Dadurch entsteht eine Lösung in ca. 90 Volumprozenten Alkohol, aus welcher der bernsteinsaure Baryt quantitativ ausfällt, während die Hauptmenge des milchsauren Baryts usw. in Lösung bleibt. Das bernsteinsaure Salz setzt sich als eine schmierige Masse fest an die Wände, von der die klare Flüssigkeit am folgenden Morgen abgegossen wird.

Man kocht den bernsteinsauren Baryt wiederholt (5—6 mal) mit 90 proz. Alkohol aus, damit sich der stets zum Teil mitfallende milchsaure Baryt auflöse, bis durch Verdampfen einiger Tropfen solcher Auskochung sich zeigt, dass nichts mehr in Lösung geht.

Man bringt den nunmehr aus bernsteinsaurem Baryt allein bestehenden kristallinischen Rückstand auf ein tariertes Filter, trocknet und wägt ihn. Alsdann verascht man das Filter mit Inhalt, raucht mit Schwefelsäure ab und wiegt nunmehr den erhaltenen schwefelsauren Baryt. Der bernstein- und der schwefelsaure Baryt müssen im Verhältnis von 253 zu 233 stehen, d. h. das Baryumsulfat mal 1,0858 ergibt bernsteinsauren Baryt oder Baryumsulfat mal 0,5064 die Bernsteinsäure.

10. Kreatin und Kreatinin.

Die Bestimmung von Kreatin und Kreatinin wird nach der Folinschen Methode ausgeführt, wobei die Modifikationen berücksichtigt werden, welche Grindley (Autoklav) und Micko (Vermehrung der Pikrinsäure nach Inversion) vorgeschlagen haben. Es wurde festgestellt, dass in der Tat bei Inversion des Kreatins im offenen Gefäss sehr oft zu geringe Mengen Kreatinin erhalten werden, ebenso dass zur Ueberführung in die Vergleichslösung die doppelte Menge Pikrinsäure zweckmässiger ist, wenn zuvor die Flüssigkeit der Inversion unterworfen war. Wir wandten also die von Folin vorgeschlagene Menge Pikrinsäurelösung an, wenn es sich um die Bestimmung des präformierten Kreatinins handelte, setzten dagegen das doppelte Pikrinsäurequantum nach der Inversion zu. Man verfährt wie folgt:

Von der durchweg gebrauchten Grundlösung (10 g Fleischextrakt zu 100 ccm) werden 10 ccm zu 15 ccm Pikrinsäurelösung (in der Kälte gesättigt $= 1,2^0/_0$) und 5 ccm 10proz. Natronlauge gemischt, die Mischung ein paar mal geschüttelt und zur Seite gestellt (5 Minuten). Diese Pause von 5 Minuten muss vorhanden sein, sie darf sich bis zu 10 Minuten ausdehnen, nicht weiter. Alsdann wird die Mischung im Masskolben auf 500 ccm aufgefüllt und sofort zur kolorimetrischen Bestimmung im Dubosqschen Kolorimeter überführt. Als Vergleichsflüssigkeit dient halbnormale Kaliumdichromatlösung.

8 mm Höhe Dichromatlösung sind gleich 8,1 mm Höhe Vergleichslösung, wenn 10 mg Kreatinin in 500 ccm der zu prüfenden Lösung vorhanden sind. Die Ablesung muss wenigstens dreimal erfolgen, am besten von zwei verschiedenen Personen. Der Apparat muss sorgfältig vorher geprüft sein. Es ist ferner darauf zu achten, dass nur diffuses Tageslicht benutzt wird, kein direktes Sonnenlicht, auch kein künstliches. Die Stellung, welche der Beobachter am Apparat einnimmt, ist sorgfältig festzustellen, wie überhaupt die ganze Methode ein persönliches Einarbeiten ererfordert.

Es ist ferner sehr zweckdienlich, wenn nach den direkten Ablesungen eine Vergleichsablesung noch in der Weise stattfindet, dass auf das Okular des Kolorimeters ein grünes Glasscheibchen gelegt wird, welches bewirkt, dass die Farbenunterschiede verschwinden und sich in Helligkeitsdifferenzen umwandeln.

Zur Umwandlung des Kreatins in Kreatinin werden 10 ccm der 10proz. Lösung mit 10 ccm Normalsalzsäure in einen kleinen Erlenmeyerkolben aus Jenaer Glas getan und in den Autoklaven gestellt. Nach Erreichung einer Temperatur von 117° werden die Gefässe 20 Minuten im Autoklaven belassen, auf dessen Boden sich genügend Wasser befindet. Nach Ablauf der Zeit lässt man den Dampf abblasen, die Flüssigkeit im Autoklaven erkalten und fügt dann zu jeder Probe 30 ccm Pikrinsäurelösung und 10 ccm 10proz. Natronlauge, lässt wieder 5—10 Minuten stehen, füllt zu 1000 ccm auf und verfährt wie zuvor.

Die Folinsche Methode ist nur anwendbar, wenn 500 ccm Flüssigkeit zwischen 7 und 16 mg Kreatinin enthalten. Unter Umständen muss also bei invertierten Lösungen noch eine Verdünnung eintreten. Ergeben sich geringere Werte als 7 mg, so muss der Versuch mit einer entsprechend grösseren Substanzmenge wiederholt werden.

Gewarnt sei noch vor der Verwendung von gewöhnlichem Wasser statt destilliertem. Es können unangenehme Trübungen auftreten.

11. Hefeextrakt.

5 g Extrakt (oder Bouillonwürfelmasse) werden in 20 ccm Wasser gelöst, event. filtriert, 2 ccm 25proz. Ammoniak zugegeben, zu 25 ccm aufgefüllt, nach etwaigem Erkalten wiederum filtriert und 2 ccm Filtrat in ein graduiertes Röhrchen, wie es zum Aufrechtschen Albuminimeter gehört, überführt. Dann werden 10 ccm Mickosche Lösung dazu gegeben, umgeschüttelt und 2 Minuten zentrifugiert. Bei Anwesenheit von Hefe entsteht ein Niederschlag. Nur wenn er mehr als 0,05 ccm füllt, darf Hefeextrakt als vorhanden mit Sicherheit angesehen werden.

Die Mickosche Lösung ist unmittelbar vor dem Gebrauch aus ihren 3 Bestandteilen frisch zu mischen. Die Bestandteile sind:

$$I = 13\text{proz. Kupfersulfatlösung,}$$
$$II = 10\text{proz. Ammoniak,}$$
$$III = 14\text{proz. Natronlauge.}$$

Man nimmt 10 ccm Lösung I, 15 ccm Lösung II, 30 ccm Lösung III.

Zu dieser Methodik ist das Folgende zu bemerken:

1. Wasserbestimmung.

Die direkte Bestimmung des Wassers im Fleischextrakt erwies sich nicht als praktisch. Wir zogen es auch oft vor, die 10 proz. Fleischextraktlösung, die für sämtliche auszuführende Untersuchungen benutzt wurde, anzuwenden.

2. Mineralstoffe.

Bei der Bestimmung der Mineralstoffe passierte es öfter, dass kleine Anteile der Asche in Salpetersäure unlöslich waren. Da es sich meist nur um sehr kleine Anteile handelte (mit Ausnahme des Liebig-Extraktes), wurden weitere Untersuchungen der unlöslichen Teile nicht vorgenommen. Um Sand handelte es sich in keinem der Fälle. Wir fanden bei:

Liebigs Fleischextrakt	1,32 %
Extrakt mit der Flagge	0,604 %
Marke Dampfschiff.	0,12 %
Bulloxfleischextrakt	0,395 %
Armour	0,084 %

Bei den selbst hergestellten Fleischextrakten fanden wir:

bei Nr. 1	0,113 %
„ „ 2 . . , . .	0,164 %
„ „ 3	nichts
„ „ 4	nichts
„ „ 5	nichts
„ „ 6	0,29 %
„ „ 7	0,235 %

3 a. Die Chlorbestimmungen

wurden ganz ausschliesslich gewichtsanalytisch ausgeführt, nachdem schon früher regelmässig festgestellt werden musste, dass die massanalytischen Methoden zu hohe Werte ergeben; die höchsten Werte liefert die Mohrsche Methode, die nächst höheren die Methode von Volhard. In Uebereinstimmung hiermit haben bekanntlich auch andere Chemiker seit geraumer Zeit die massanalytische Chlorbestimmung in Aschen aufgegeben.

4. Fettbestimmung.

Die Extraktion im Soxhletapparat haben wir fast völlig aufgegeben, wir führen sie nur unter besonderen Verhältnissen noch aus. Die einfache Ausätherungsmethode, wie wir sie beschrieben haben, besonders bei gleichzeitiger Beigabe von etwas Salzsäure, liefert völlig zuverlässige Resultate mit erheblich geringerem Zeit- und Arbeitsaufwand.

5. Alkoholisches Extrakt.

Bei der Bestimmung des alkoholischen Extraktes ist besonders darauf zu achten, dass das zu untersuchende Extrakt einen Wassergehalt von möglichst nahe an 20 % aufweist. Im übrigen kommt dieser Bestimmung eine grosse Bedeutung nicht zu.

Leimhaltige Extrakte, die ursprünglich damit erkannt werden sollten, verraten sich meist schon durch ihre eigenartige Konsistenz. Ueber Versuche zu direkten Leimbestimmungen nach der Methode von Schmidt vgl. weiter hinten.

6. Freie Säuren.

a) Gesamtsäure.

Fleischextrakt verbraucht zur Neutralisation eine unverhältnismässig grosse Menge von Lauge. Wollte man die ganze Laugenmenge etwa auf Milchsäure berechnen, so würde man zu ausserordentlich hohen Zahlen kommen, nämlich etwa 8 bis 10 %. Wenn auch der Milchsäuregehalt beträchtlich ist, in dieser Höhe dürfte er kaum anzunehmen sein. Mangels weiterer Feststellungen und da anscheinend diese Grösse bisher überhaupt nicht ermittelt wurde, ist von einer Umrechnung auf eine bestimmte Säure Abstand genommen worden, sondern nur die für 1 g Extrakt erforderlichen Kubikzentimeter $n/10$ Lauge angegeben. Ueber das Wachsen des Säurewertes vgl. weiter hinten.

b) Flüchtige Säure.

Bei der Destillation von Fleischextraktlösungen tritt gelegentlich eine Dissociation von Ammoniumsalzen ein, so dass trotz saurer Beschaffenheit der Destillationsflüssigkeit das Destillat alkalische Reaktion zeigen kann. Insbesondere gaben von den Fleischextrakten des Handels der mit der Flagge und der Bulloxfleischextrakt alkalische Destillate.

7. Stickstoff.

c) Durch Phosphorwolframsäure fällbar.

Der durch Phosphorwolframsäure fällbare Stickstoff wurde stets in der Originallösung bestimmt, so dass der Albumosenstickstoff noch einmal darin enthalten ist.

8. Bernsteinsäure.

Die Vorarbeiten für eine neue Bernsteinsäurebestimmung zogen sich ausserordentlich in die Länge, da sich immer wieder neue Zwischenversuche als erforderlich herausstellten. Insbesondere konnte festgestellt werden, dass die Angaben in der Literatur über die Löslichkeitsverhältnisse der Bernsteinsäure und ihrer Salze nur mit grösster Vorsicht zu verwenden waren.

Zunächst wurde ein Lösungsmittel gesucht, welches grössere Mengen von Bernsteinsäure als der gewöhnliche Aether aufnimmt und sich durch einen höheren Siedepunkt, möglichst auch durch geringere Feuergefährlichkeit vom Aether unterscheidet. Schliesslich fand sich im Essigäther ein solcher Körper, der Bernsteinsäure auch schon in der Kälte in genügender Menge auflöst.

Da andere Autoren schon nachgewiesen haben, dass eine vollständige Entziehung von Bernsteinsäure mittels Aether aus wässerigen Lösungen nicht durchzuführen ist, wurde der umgekehrte Weg beschritten, die fremden Stoffe möglichst zu entfernen, die Bernsteinsäure dagegen in Lösung zu behalten. Als sehr geeignet zur Fällung erwies sich eine methylalkoholische Lösung, der, um auf alle Fälle die ganze Bernsteinsäure im freien Zustande zu haben, ein ausreichendes Quantum freier Salzsäure zugesetzt werden muss. Der Methylalkohol löst Bernsteinsäure ausserordentlich leicht und reichlich. Salzsäure beeinflusst dieses Verhalten nicht. Die Fällungsflüssigkeit und die Lösungsflüssigkeit sind deshalb beide gut geeignet, Bernsteinsäure aufzunehmen, und es besteht keine Gefahr, einen Verlust zu bekommen, wenn, wie ermittelt, durch die erste Essigätherfällung bereits 75 % des Extraktes zur Ausscheidung gelangen. Ein zweimaliges Auskochen des Fällungsniederschlages ist erforderlich, um von ihm mechanisch eingeschlossene Reste nicht zu verlieren.

Nachdem so die Anteile, welche in der Mischung von Methylalkohol, Essigäther und Salzsäure vom Fleischextrakt nicht löslich

sind, ausgeschieden wurden, wird mit Hilfe von Sand und ent-
wässertem Natriumsulfat eine vorzügliche und fein verteilte Trockensubstanz erhalten, welche die ganze Bernsteinsäure in freiem Zustand enthalten muss. Diese wird nunmehr mit reinem Essigäther
ausgekocht, wobei wiederum nennenswerte Anteile des Extraktes
abgesondert werden. Der nach dem Abdestillieren des Essigäthers
hinterbliebene Rückstand wird zweckmässig durch Behandlung mit
Blutkohle von einem Teil der Unreinigkeiten, insbesondere Farb-
stoffen, befreit. Es sei jedoch darauf hingewiesen, dass mit der
Verwendung von Blutkohle allgemein vorsichtig umgegangen werden
muss. Insbesondere soll man nur solche Kohle verwenden, die von
Fremdstoffen, insbesondere Eisen, sorgfältig befreit ist. Wir verwenden ausschliesslich Blutkohle der Firma Flemming in Kalk
bei Köln, die durch Auswaschen mit Säuren derartig gereinigt ist,
dass sie keinerlei Bestandteile an andere Flüssigkeiten abgibt. Um
das Auswaschen des Filters zu vermeiden, füllen wir auf 55 ccm
auf und verwenden 50 ccm Filtrat. Zum Neutralisieren desselben
bedient man sich einer möglichst hoch konzentrierten Lösung von
Barythydrat, die, wenn sie nicht gänzlich klar ist, vorher filtriert
werden muss. Der entstandene bernsteinsaure und milchsaure
Baryt scheiden sich beim Konzentrieren der Flüssigkeit auf 5 ccm
nicht ab, obgleich in der Literatur die fast völlige Unlöslichkeit des
bernsteinsauren Baryums angegeben ist, wie sich überhaupt über
die Löslichkeitsverhältnisse des bernsteinsauren Baryts eine grössere
Zahl unzutreffender Angaben in der Literatur findet, deren Unrichtig-
keit leider erst später erkannt wurde, die aber das Vorwärtskommen
mit der neuen Methode sehr erschwerten. Zunächst hatten wir die
Abscheidung des Salzes ebenfalls auf Grund von Angaben anderer
Autoren dadurch zu bewerkstelligen versucht, dass die Fällflüssig-
keit auf einen Gehalt von 50 % Alkohol gebracht wurde. Es gelang jedoch auf diese Art niemals, auch nur die den Extrakten zugesetzte bekannte Menge von Bernsteinsäure wieder zu erhalten,
bis auf einen Fall, bei dem es gelang, 96 % der zugesetzten Bern-
steinsäuremenge wieder zu bekommen. Wir mussten uns schliesslich überzeugen, dass die Fällbarkeit des bernsteinsauren Baryums
durch 50 proz. Alkohol für reine Salzlösungen zwar annähernd
zutrifft, dass die Fällbarkeit aus unreinen Lösungen jedoch ganz
unvollständig ist und in der verschiedenartigsten Weise durch Begleitstoffe beeinflusst wird. Schliesslich fanden sich in der Arbeit

von **Einbeck** (Hoppe-Seylers Zeitschr., Bd. 87, Heft 2) gleiche Erfahrungen niedergelegt. Wir folgten diesem Autor darin, die Fällung aus einer Flüssigkeit mit ca. 90 % Alkoholgehalt zu bewerkstelligen. Angestellte Kontrollversuche mit reinem Salz ergaben, dass milchsaurer Baryt auch bei dieser hohen Alkoholkonzentration in Lösung bleibt, während das bernsteinsaure Salz quantitativ zur Abscheidung gelangt. Da die Milchsäure, der festanhaftende Begleiter der Bernsteinsäure, die Hauptstörungen bei der Abscheidung bewirkt, das milchsaure Barytsalz auch mechanisch in den bernsteinsauren Niederschlag mitgerissen wird, erwies sich noch ein mehrmaliges Auskochen der Fällung mit Alkohol gleicher Beschaffenheit als erforderlich. Es liess sich auch beobachten, dass bei mehrtägigem Stehen der Fällung mit dem Alkohol der zuvor schmierige Niederschlag kristallinische Beschaffenheit annimmt, weil das mitgerissene milchsaure Salz sich schliesslich auflöst. Man kann nun entweder den bernsteinsauren Baryt wiegen oder das daraus herzustellende Baryumsulfat. Wir wählten beide Wege. Wir brachten zunächst auf ein tariertes Filter den bernsteinsauren Baryt zur Wägung und wogen alsdann noch das daraus erhaltene Baryumsulfat. Zur Kontrolle über das Waschen des bernsteinsauen Baryts rechneten wir stets den später gewogenen schwefelsauren Baryt auf bernsteinsaures Salz um, indem wir das Sulfat mit 1,0858 multiplizierten. Alsdann muss eine ungefähre Deckung der beiden Werte stattfinden. Die Bernsteinsäure berechneten wir jedoch stets aus dem schwefelsauren Baryt durch Multiplizieren des gewonnenen Schwerspats mit 0,5064. Die hinten folgende Tabelle Nr. V über die Einzelbestimmungen von Bernsteinsäure nach der neuen Methode zeigen, dass gut übereinstimmende Resultate erhalten wurden.

9. Kreatin und Kreatinin.

Bei der Bestimmung des Kreatinins sind einige Meinungsverschiedenheiten zu berücksichtigen gewesen, welche in der wissenschaftlichen Fachpresse über Einzelheiten bei der Ausführung berichtet worden sind. Im wesentlichen handelt es sich dabei um zwei Punkte:

1. Um die Durchführung der Inversion.
2. Um die Pikrinsäuremenge, welche vor der kolorimetrischen Untersuchung der invertierten Lösung zuzusetzen ist.

Zu 1.:

Die ursprüngliche Methode schreibt für die Inversion von Kreatin zu Kreatinin ein 3 Std. langes Kochen mit Salzsäure am Rückflusskühler vor, während spätere Autoren geltend machten, dass hierbei eine vollständige Umwandlung des Kreatin zu Kreatinin nicht stattfinde.

Um demgegenüber ein eigenes Urteil zu erlangen, wurde von der Firma Merck in Darmstadt ein Quantum reines Kreatin und Kreatinin bezogen. Das Kreatinin diente auch zur Eichung des von der Firma Krüss in Hamburg stammenden Kolorimeters nach Dubosq. Es sei hier gleich bemerkt, dass nur ein sehr gut gearbeiteter Apparat mit einem exakten Nonius und sorgfältigst in gleicher Höhe angebrachten beiderseitigen Skalen zu brauchen ist.

Das Kreatin wurde zunächst für sich geprüft.

Es zeigte einen Stickstoffgehalt von 28,583 %, war also von genügender Reinheit. Von ihm wurden 50 mg zu 100 ccm mit Normalsalzsäure gelöst und davon 20 ccm = 0,01 g Kreatin für den Versuch verwendet.

Nach dreistündigem Kochen am Rückflusskühler zeigte das Kolorimeter 78,79 % der angewandten Menge. Darauf wurde eine Lösung mit halbnormaler Salzsäure gefertigt, davon 20 ccm in den Autoklaven gesetzt und 30 Minuten bei 117° belassen. Die Prüfung im Kolorimeter ergab 100,92 %. Nach diesem Versuch konnte es nicht zweifelhaft sein, dass der Autoklavmethode der Vorzug zu geben sei.

Zu 2.:

Um festzustellen, ob der vorgeschlagenen Abweichung nach völliger Inversion 30 ccm kalt gesättigter Pikrinsäurelösung statt 15 ccm und ebenso das doppelte von der Natronlauge zuzusetzen ist, lösten wir 0,176 g Kreatin mit 250 ccm halbnormaler Salzsäure auf und invertierten im Autoklaven, wie zuvor beschrieben. Dann füllten wir 25 ccm der invertierten Lösung in dem einen Fall mit 15 ccm Pikrinsäurelösung und 5 ccm Natronlauge zu 500 ccm, im anderen Falle lösten wir 25 ccm mit 30 ccm Pikrinsäurelösung und 10 ccm Natronlauge und füllten zu 1000 ccm auf.

0,176 g Kreatin sind = 0,133 g Kreatinin.

Für jede der beiden Lösungen waren also 13,3 mg Kreatinin zu erwarten.

Es wurden gefunden:

Bei Versuch 1: 10,946 mg.

Bei Versuch 2: die infolge der Verdünnung noch mit 2 zu multiplizierende Menge von 7,105 mg, so dass also **14,21** mg wiedergefunden wurden, 6,16 % mehr als die angewendete Menge, während der erste Versuch etwa 18 % zu wenig ergeben hat. Die Fehlergrenze ist also bei Anwendung der doppelten Menge Pikrinsäurelösung geringer. Es sei aber nochmals betont, dass die doppelte Pikrinsäuremenge nur nach der Inversion angewendet wurde, während das präformierte Kreatinin genau nach Folins Vorschrift ermittelt wurde.

Wenn man die Verdoppelung der Pikrinsäurelösung vornimmt, ohne gleichzeitig auf das doppelte Volumen aufzufüllen, kommt man leicht in Skalenteile, welche von der Ablesung ausgeschlossen sind, da nach der allgemeinen Gebrauchsanweisung Ablesungen unter 6 mm und über 16 mm wegen Unzuverlässigkeit nicht gültig sind. Viele Autoren wählen noch erheblich engere Ablesegrenzen.

10. Hefeextrakt.

Das vorgeschlagene Schätzungsverfahren für zugesetzte Hefeextraktmengen gestattet zwar nicht, exakte Zahlen anzugeben, aber doch eine recht annähernde Schätzung, indem man nämlich das abgelesene Volumen mit 50 multipliziert, so dass also 0,1 = 5 % ist und 1 = 50 %.

Vielleicht lässt sich diese Schätzung späterhin noch dadurch genauer machen, dass auch noch der Xanthinstickstoff bestimmt wird und aus beiden voneinander unabhängigen Ermittlungen die endgültige Schätzung abgeleitet wird. Bei einigen praktisch durchgeführten Versuchen fanden sich folgende Niederschlagshöhen:

1. Viscon-Extrakt	1,75 der Skala,
2. Quaglios Suppenextrakt . .	0,75 „ „
3. Maggis Suppenwürze . . .	0,0 „ „
4. Liebigs Oxo-Bouillonwürfel .	0,0 „ „
5. Maggis Bouillonwürfel . . .	0,0 „ „
6. Schmeissers Bouillonwürfel .	0,0 „ „
7. Liebigs Bouillonwürfel Eceka .	0,0 „ „
8. Maggis feste Würze. . . .	0,0 „ „
9. Bouillonwürfel X	0,1 „ „
10. Bouillonwürfel Y	0,025 „ „

Nach diesen Methoden wurden die folgenden in den Tabellen niedergelegten Zahlen erhalten. (Tabelle 1 und II).

Ta-

Mittelzahlen der direkten Bestimmung

Nr.	Bezeichnung	Wasser	Asche	Organ. Substanz	Fett	Fettfr. organ. Subst.	Chlor	Chlornatrium
1	Liebigs Fleischextrakt . . .	20,44	18,91	60,65	0,05	60,60	1,93	3,18
2	Fleischextrakt m. d. Flagge. .	18,38	21,43	60,19	0,01	60,18	2,47	4,07
3	„ m. d. Dampfschiff	20,70	22,46	56,84	0	56,84	2,73	4,50
4	Bullox	18,79	22,20	59,01	0,06	58,95	1,89	3,12
5	Armours Fleischextrakt . . .	21,89	21,20	56,91	0	56,91	4,40	7,25
6	Selbstgefertigt [1])	24,46	16,67	58,87	2,74	56,13	0,79	1,30
7	do. [2])	15,96	21,38	62,66	0,60	62,06	1,10	1,81
8	do. [3])	35,95	15,79	48,26	0,90	47,36	1,43	2,35
9	do. [4])	36,60	16,74	46,66	0,80	45,86	0,85	1,40
10	do. [5])	33,16	14,91	51,93	0,37	51,50	0,67	1,10
11	do. [6])	36,32	13,08	50,60	1,85	48,75	0,69	1,14

1) Durch Kochen frischen Fleisches, 5 Stunden alt.
2) Durch Digerieren frischen Fleisches, 5 Stunden alt.
3) Aus mit Salzsäure besprengtem Fleisch, 5 Tage alt.
4) Aus mit HCl bedeckt gebliebenem Fleisch, 6 Tage alt.

Ta-

Zusammensetzung von Fleischextrakten be-

Nr.	Wasser	Asche	Organ. Substanz	Chlor	Chlornatrium	P_2O_5	Kreatin	Kreatinin	Gesamt-Kreatinin
1	20,00	19,01	60,99	1,94	3,20	7,84	4,29	2,67	5,92
2	20,00	21,00	59,00	2,42	3,99	6,00	2,37	3,41	5,20
3	20,00	22,60	57,40	2,75	4,54	4,71	2,41	3,06	4,88
4	20,00	21,87	58,13	1,94	3,20	6,80	3,10	2,71	5,06
5	20,00	21,71	58,29	4,51	7,43	4,58	2,38	1,19	2,99
6	20,00	17,65	62,35	0,84	1,38	6,56	2,36	3,25	5,04
7	20,00	20,35	59,65	1,04	1,72	6,70	1,19	4,70	5,61
8	20,00	19,72	60,28	1,78	2,94	6,30	1,44	3,43	4,52
9	20,00	21,12	58,88	1.07	1,77	6,59	2,17	2,88	4,52
10	20,00	17,85	62,15	0,80	1,32	6,58	2,15	3,04	4,67
11	20,00	16,43	63,57	0,87	1,43	6,67	2,68	2,83	4,85

Vergleicht man die analytischen Ergebnisse der auf den Normalwassergehalt von 20 % umgerechneten Extrakte, so sieht man unschwer, dass der absolute Gehalt an Mineralstoffen bei den selbsthergestellten und bei den aus dem Handel bezogenen Extrakten scheinbar gar nicht soweit voneinander entfernt sind. Die selbsthergestellten Extrakte, soweit sie ohne Anwendung von Salzsäure gewonnen wurden, also Nr. 7, 10 und 11 der Tabelle,

belle I.
von Fleischextrakten (Originalsubstanzen).

Phosphorsäure	Freie Säure[7] ccm für 1 g Extr.	Kreatin	Kreatinin	Gesamt-Kreatinin	Glykogen	Gesamt-N	Albumosen-N	Phosphorwolframsäure-N	Kreatin-N	Ammoniak-N	Bernsteinsäure
7,80	10,8	4,27	2,66	5,89	1,15	9,50	1,37	6,09	2,19	0,41	0,471
6,12	9,6	2,42	3,48	5,31	1,33	8,59	0,91	6.37	1,97	0,38	0,800
4,67	11,6	2,39	3,03	4,84	0,76	8,54	0,99	5,69	1,80	0,45	0,373
6,90	11,0	3,15	2,75	5,14	1,39	9,33	1,71	5.89	1,91	0,43	0,387
4,47	7,0	2,32	1,16	2,92	1,39	7,41	1,53	3,76	1,09	0,28	0,291
6,19	15,3	2,23	3,07	4,76	1,19	9,29	2,21	4,96	1,77	0,19	0,315
7,03	14,0	1,25	4,94	5,89	1,27	10,06	1.86	7,08	2,19	0,19	0,260
5,04	15,0	1,15	2,75	3,62	1,06	7,85	1,24	3,79	1,35	0,16	0,340
5,22	12,4	1,72	2,28	3,58	0,43	8,95	2.16	3.95	1,33	0,22	0,478
5,50	13,3	1,80	2,54	3,90	1,15	8,38	1,04	4,33	1,45	0,22	0,620
5,30	13,6	2,13	2,25	3,86	0,44	8,04	1,60	4,57	1,43	0,20	0,814

5) Aus Fleisch, das 23 Tage im Kühlraum hing.
6) Aus Fleisch, das 23 Tage frei hing.
7) Vgl. die Methodik und den Indikator Lackmus.

belle II.
rechnet auf Normal-Extrakt mit 20 % Wasser.

Freie Säure ccm für 1 g Extr.	Glykogen	Gesamt-N	Ammoniak-N	Albumosen-N	Phosphorwolframsäure-N	Gesamt-Kreatinin-N	Bernsteinsäure
10,9	1,16	9,55	0,41	1,38	6,12	2,20	0,47
9,4	1,30	8,42	0,37	0,89	6,24	1,43	0,78
11,7	0,77	8,62	0,45	1,00	5,74	1,81	0,376
10,8	1,37	9,19	0,42	1,68	5,80	1,88	0,38
7,2	1,42	7,59	0,29	1,57	3,85	1,12	0,295
16,2	1,26	9,84	0,20	2,34	5,25	1,87	0,335
13,3	1,21	9,58	0,18	1,77	6,74	2,08	0,25
18,7	1,32	9,80	0,20	1,55	4,73	1,69	0,435
15,6	0,54	11,30	0,28	2,73	4,98	1,68	0,60
15,9	1,38	10,30	0,26	1,25	5,18	1,74	0,72
17,1	0,55	10,10	0,25	2,01	5,74	1,80	1,025

haben niedrigere Aschen als die gekauften, nämlich 16,43 bis 20,35, im Durchschnitt 18,07 %. Der Liebigsche Fleischextrakt, welcher von den käuflichen den geringsten Mineralstoffgehalt aufweist (19,01 %), hat also 1 % mehr als dem hier gefundenen Durchschnitt entspricht, aber immerhin doch einen Wert, der sich noch innerhalb der Grenzen der genannten 4 Extrakte befindet.

Wenn man also für die anderen 4 gekauften Extrakte „Flagge,

Dampfschiff, Bullox und Armour“ von einem zu hohen Mineralstoffgehalt wohl reden kann, so kann man beim Liebigextrakt aus dem Mineralstoffgehalt an sich eine tadelnde Schlussfolgerung nicht ziehen.

Zieht man jedoch den Chlorgehalt der Extrakte in Betracht, so wird sofort offenbar, dass auch der Liebigsche Fleischextrakt bezüglich seines Kochsalzgehaltes als normal nicht angesehen werden kann.

Formell sei bemerkt, dass ich der alten Gepflogenheit gefolgt bin und den Chlorgehalt als Kochsalz angebe, während er sich, wie bekannt, in den natürlichen Fleischauszügen im wesentlichen als Chlorkalium findet.

In den vier ohne Salzsäurezusatz hergestellten Extrakten bewegt sich der Kochsalzgehalt von 1,32 bis 1,72 und beträgt im Durchschnitt 1,46 %, während die beiden gekauften Extrakte mit dem niedrigsten Kochsalzgehalt (Liebig und Bullox) einen Gehalt von je 3,20 % aufweisen, also mehr als das Doppelte des Durchschnittes und beinahe das Doppelte des hier beobachteten Maximalgehaltes.

Ja, sogar die beiden unter Verwendung von Salzsäure hergestellten Extrakte 8 und 9 kommen nicht an den Chlorgehalt der Marken Liebig und Bullox heran, ganz zu schweigen von dem Fleischextrakt mit der Flagge und dem mit dem Dampfschiff oder gar Armours Fleischextrakt! Der letztere verrät sich ja allerdings nicht nur durch einen Gehalt von 7,43 % Kochsalz als aus Pökelfleisch hergestellt. Er verdient überhaupt nicht den Namen Fleischextrakt, sondern sollte als eine grobe Verfälschung der Handelsware Fleischextrakt aus dem Handel ausgemerzt werden, wenn er sich nicht eine Bezeichnung zulegt, die seiner wahren Natur entspricht.

Sieht man aber vom Armourextrakt ganz ab, so bleibt doch der Gegensatz im Kochsalzgehalt der käuflichen Extrakte gegenüber dem der selbsthergestellten so augenfällig, dass es keinem Zweifel unterliegen kann, dass es sich hier nicht um eine zufällige Erscheinung handelt.

Bei Bereitung des Extrakts Nr. 8 ist die Salzsäure, welche vom Eintauchen des Fleisches hängen blieb, eingezogen und hat somit naturgemäss eine Erhöhung des Chlorgehaltes bewirkt, da die Menge der Chloride wenigstens von dem gefundenen Maximalwert 1,72 % auf 2,94 %, also um 1,22 % gestiegen ist. Bei Extrakt Nr. 9, bei dem das Fleisch tagelang in der Salzsäure lag, ist die beobachtete Chlorsteigerung nur geringfügig (vom Maximum 1,72 auf 1,77), nicht nur weil das Fleisch von seinem natürlichen Chlorgehalt abgegeben hat, sondern auch, weil die nach dem Herausnehmen des Fleisches aus der Säure mechanisch anhaftenden Reste durch Abspülen entfernt wurden. Trotz der von aussen eingedrungenen Salzsäure ist deshalb der gefundene Chlorgehalt nur um ein Geringes höher geworden. Soviel bleibt jedenfalls bestehen, dass auch bei Extrakt Nr. 8, dem keine Chlorverbindungen entzogen sein können, dessen Chlorgehalt sich vielmehr durch hängengebliebene Salzsäurereste notwendig vermehren musste, die Menge der Chloride noch nicht zu der Menge anstiegen, welche die chlorärmsten Extrakte des Handels aufweisen!

Die Folgerung ist deshalb zwingend, dass eine Beschwerung der käuflichen Extrakte im Minimum mit 1,5 % Kochsalz vorliegt. Freilich darf man diese Beschwerung nicht so auffassen, dass sie erfolgt sei, um den Extrakt mit 1,5 % Kochsalz zu versetzen. Offenbar ist der erhöhte Chlorgehalt in die Extrakte des Handels (vom Armour-Extrakt abgesehen) in der gleichen Weise gelangt, wie in unsere Extrakte 8 und 9, insbesondere in den Extrakt Nr. 8.

Nicht nur die obige Feststellung, sondern auch einige noch später zu erörternde, sind lediglich ein Beleg für die Auffassung, dass die Fabrikanten das Fleisch, welches sie für die Extraktherstellung bestimmen, zuvor mit Salzsäure behandeln (besprengen), sei es, um die antibakterielle Wirkung der Salzsäure zu benutzen, sei es, um proteolytische Prozesse zu befördern, oder beides.

Der Phosphorsäuregehalt der Extrakte zeigt keine besonders auffälligen Zahlen, wenn auch der fast konstante Gehalt bei den selbst hergestellten Extrakten bemerkenswert ist.

Wenn man jedoch die gesamten Mineralstoffe auf wasser- und fettfreie Trockensubstanz bezieht und den Phosphorsäure- und Chlorgehalt nicht mehr auf Fleischextrakt, sondern nur auf die Gesamtasche berechnet, kommt man zu Ergebnissen, welche viel interessanter sind als die eben geschilderten. (Tabelle III.)

Was die Gesamtmenge der Mineralstoffe anbetrifft, so wird allerdings das oben niedergelegte Votum kaum beeinflusst, wenn sich auch zeigt, dass er bei dem selbst hergestellten Extrakt Nr. 7 (Nr. 8 und 9 unberücksichtigt) besonders hoch erscheint, jedenfalls höher, als bei den übrigen und einem Teil der käuflichen Extrakte. Die Bestimmung des Codex alimentarius austriacus, welche einen

Maximalgehalt von 27 % Aschenteilen in der fettfreien Trockensubstanz festsetzt, kann man nach diesen Ergebnissen als zutreffend anerkennen und müsste auf Grund derselben die Extrakte 3, 4 und 5 beanstanden, während von den selbsthergestellten nicht einmal Nr. 9 die Höchstgrenze erreicht.

Betrachtet man den **Gehalt der Asche an Phosphorsäure und Chlor**, so sieht man, dass schon die Schwankungen bei der natürlichen Fleischasche im Gehalt an Phosphorsäure zu gross sind, um für gewöhnlich eine Ueberschreitung der Grenze zu erwarten und daraus sichere Schlüsse ziehen zu können. Musste ich doch

Tabelle III.
Zu den Mineralstoffen.

Nr.	Gesamtaschengehalt in der Trockensubstanz [1]	Von der Gesamtasche sind	
		Phosphorsäure [2]	Chlor als Kochsalz [3]
1	23,76	41,24 [4]	16,83
2	26,25	28,57	19,00
3	28,25	20,84	20,09
4	27,34	31,09	14,63
5	27,14	21,10	34,22
6	22,06	37,17	7,82
7	25,44	32,92	8,47
8	24.65	31,94	14,91
9	26,48	31,20	8,38
10	22,31	36,86	7.39
11	20,54	40,52 [4]	8,70

1) Der Aschengehalt in der Trockensubstanz soll nicht über 27 % betragen (Codex alimentarius austriacus).

2) Nach Wolff durch König II 424 beträgt der P_2O_5-Gehalt in der Fleischasche 36,10—48,10 %, im Mittel 41,20 %.

3) Nach demselben beträgt der Chlorgehalt in der Fleischasche 0,60—8,44 %, im Mittel 4,66 %, entsprechend 0,99—13,93 % NaCl, im Mittel 6,70 % NaCl. Die von König I 96 und II 556 mitgeteilten Analysen von 13 Fleischextraktaschen, wonach der Gehalt an

Phosphorsäure von 23,32—38,08 %, im Mittel 30,59 % und an
Chlor „ 7,01—14,06 %, „ „ 9,63 %

beträgt, zeigen ohne weiteres, dass sie nicht als reine Fleischaschen gelten können. Sie weichen von den Wolffschen Zahlen und dem Befunde bei den selbsthergestellten Extrakten zu offensichtlich im gleichen Sinne ab.

4) Auffällig ist der hohe Gehalt an Phosphorsäure im Liebigextrakt, der eine merkwürdige Deckung mit Nr. 11 der Tabelle hat, also dem Extrakt, der aus Fleisch nach vorangegangener 23 tägiger Autolyse bei gewöhnlicher Temperatur gewonnen wurde. Die Parallelität mit der Milchsäurewirkung bei Nr. 11 oder mit einer gleichwirkenden Substanz ist naheliegend.

Vgl. auch die Ausführungen über die Löslichkeit der Phosphorsäure.

bei Extrakt Nr. 7, also einem der ohne Zusatz von Salzsäure gewonnenen Extrakte, konstatieren, dass der Phosphorsäuregehalt der Asche noch nicht einmal 36,10 % erreichte, die niedrigste Zahl, welche Wolff für Fleischasche beobachtet und mitgeteilt hat.

Nur eine wesentliche Unterschreitung des Minimalgehaltes wird sofort auf unzulässige Manipulationen bei der Extraktherstellung hindeuten, da auch bei Extrakt Nr. 7 der Phosphorsäuregehalt sich über 3 % unterhalb der Minimalgrenze Wolffs bewegt. Immerhin wird man etwa 30 % Phosphorsäure in der Gesamtasche als zweckmässige Mindestzahl auffassen müssen und alle diejenigen Extrakte, welche sich mehr als nur ein wenig von dieser Grenze entfernen, als der Fälschung verdächtig ansehen müssen.

Bei dem Extrakt Nr. 3 (Dampfschiff) und 5 (Armour) z. B. ist der Phosphorsäuregehalt so niedrig, dass beide mit Sicherheit als nicht normal anzusehen sind.

Die Königschen Mittelzahlen von 13 Fleischextraktaschen (vgl. Tabelle III) können keine Bedeutung beanspruchen, weil jeglicher Beweis dafür fehlt, dass die untersuchten Extrakte in normaler Weise gewonnen waren. Lediglich die Wolffschen Fleischaschezahlen lassen sich bei der hier in Rede stehenden Normierung verwerten.

Die Tabelle III zeigt aber auch schlagend den zu hohen Chlorgehalt der käuflichen Extrakte, viel mehr als die zuvor besprochene Tabelle II. Man sieht sofort aus dieser Tabelle, wo die gekauften Extrakte aufhören und die selbst gefertigten anfangen. Der Kochsalzgehalt in der Gesamtasche bei unseren ohne Salzsäure selbst hergestellten Extrakten schwankt nur von 7,39 bis 8,70 %, zeigt also eine weitgehende Konstanz. Der mittlere Gehalt beträgt 8,10 %. Bei so geringen Schwankungen erscheint es gerechtfertigt, dass der Chlorgehalt der Fleischextraktaschen berechnet als Chlornatrium 10 % nicht übersteige, wenn der Extrakt nicht als mit Kochsalz beschwert oder mit Salzsäure hergestellt angesehen werden soll.

Gewisse Abweichungen und Beschwerungen der Fleischextrakte können dadurch bewirkt werden, dass bei ihrer Herstellung statt reinen destillierten Wassers natürliches Wasser mit mehr oder minder hohem Gehalt an Mineralstoffen Verwendung gefunden hat. Die Art der etwa zur Verwendung gelangenden natürlichen Wässer ist deshalb von erheblicher Bedeutung. Wasser mit nur einem

Mineralgehalt von 50 g in 100 Litern würde unter der Voraussetzung, dass diese 100 Liter bei Extraktion von 60 kg Fleisch verwendet werden, eine Beschwerung des aus den 60 kg Fleisch gewonnenen Extraktes um 50 g Mineralstoffe bedeuten.

Nimmt man als Ergebnis bei der Fleischextraktfabrikation (siehe darüber weiter hinten) $4^1/_2$ % an, so würden sich diese 50 g Mineralstoffe auf $45 \times 60 = 2700$ g Extrakt verteilen, das heisst, es würden zunächst statt 2700 g 2750 g erhalten werden, eine Vermehrung von 1,85 %; ausserdem aber würde ein Mineralstoffzuwachs von 1,85 zur Mittelzahl von 18,07 eine Vermehrung von 10 % bedeuten!

Bei nur 3 % Extraktausbeute, wie sie die Liebig-Compagnie ständig behauptet, würden 50 g sich sogar nur zu $30 \times 60 = 1800$ g Extrakt mischen, also 1850 statt 1800 g Ausbeute ergeben, was einer Beschwerung von 2,8 % entspricht! Die Mineralstoffe würden sogar von 18,07 auf 20,87 % steigen, also um 15,56 %. Hiernach muss man fordern, dass prinzipiell bei der Herstellung von Fleischextrakten natürliches Wasser nur insoweit zugelassen werden kann, als seine allgemeine Beschaffenheit und die Summe der in ihm enthaltenen natürlichen Salze eine bestimmte noch näher zu vereinbarende Grenze nicht übersteigt. Meines Erachtens dürfte diese letztere bei höchstens 0,1 g Rückstand pro Liter zu suchen sein.

Trotz vieler Bemühungen ist es mir nicht gelungen, etwas Authentisches darüber zu erfahren, was für Wasser in den grossen Fleischextraktfabriken tatsächlich verwendet wird, und wie das etwa verwendete Wasser zusammengesetzt ist. Was speziell den Liebigextrakt anbetrifft, so konnte ich nichts weiter erfahren, als eine Analyse des Wassers des an den Liebig-Etablissements vorbeifliessenden Uruguayflusses. Auch diese Analyse ist nicht mehr neu, sie ist im Jahre 1878 von I. I. Kyle angefertigt worden und in den Chem. News, Bd. 38, S. 28, mitgeteilt. Eine grundsätzliche Verschiedenheit in der Zusammensetzung des Wassers dürfte freilich auch seitdem kaum eingetreten sein. Auch die analytische Methodik, soweit sie für uns von Interesse ist, ist damals bereits so gesichert gewesen, dass die Kylesche Analyse auch heute noch als genügend aufklärend angesehen werden kann. Sie ergab folgendes und zwar für Wasser aus der Mitte des Flusses, etwa 150 km oberhalb der Liebigfabriken:

Gesamtrückstand pro Liter 0,035
Natron 0,002
Kali 0,0015
Kalk 0,0055
Magnesia 0,0019
Kieselsäure 0,0185
Schwefelsäure 0,0013
Kohlensäure 0,071
Chlor 0,00039247
Salpetersäure 0,0019
Organische Stoffe . . . . Spuren.

Sollte dieses Wasser, was sehr wohl im Bereich der Möglichkeit liegt, besonders nach vorangegangener Filtration von den Liebigwerken verwendet werden, so wären gegen seinen Gebrauch keinerlei Bedenken zu erheben, da es weder irgendeine nennenswerte Beschwerung bezüglich der Mineralstoffe, noch eine Erhöhung des Chlorgehaltes in der Asche hervorrufen würde. Sollte die Liebiggesellschaft aber nicht dieses Flusswasser, sondern Wasser von auf ihrem Grund und Boden gelegenen Brunnen verwenden, so darf man wohl annehmen, dass bei den in Betracht kommenden geologischen Verhältnissen die Zusammensetzung des letzteren keine zu weit abweichende von der des untersuchten Flusswassers ist.

Die Verwendung des analysierten oder eines ähnlichen Wassers würde in unsere Betrachtungen sehr gut hineinpassen und eine Erklärung dafür geben, warum der Gesamtmineralstoffgehalt im Liebigextrakt normal ist, obgleich der Chlorgehalt (wahrscheinlich infolge Verwendung von Salzsäure zum Besprengen der verwendeten Fleischstücke) so wesentlich erhöht wurde.

Um neben den hier dargestellten Extrakten aber noch eine andere Unterlage für die Beurteilung von Extrakten des Handels zu gewinnen, habe ich die hier folgende Tabelle IV ausgearbeitet,

Tabelle IV.
Ueber theoretisch berechnete Zusammensetzung von Fleischextrakten aus Fleisch mittlerer Zusammensetzung, je nach der Höhe der Ausbeute.

Vorbemerkung: Liebig gibt in seinen chemischen Briefen, 6. Auflage, 1878, S. 290, das Folgende an:

Wasserfreies Fleisch hinterlässt $3^1/_2$ % Asche. 5 kg frisches Fleisch liefern im ganzen 42,92 g Asche (vgl. hierzu aber die Bemerkungen des Verfassers auf der Tabelle über die Ausbeutenübersicht über die aus je 1 kg Fleisch erhaltenen Extrakte). Wenn die 5 kg Fleisch ausgelaugt und dann ausgekocht werden, so gehen von den vorhandenen 42,92 g Mineralstoffen 35,28 g in die Fleischbrühe über, während in dem ausgekochten Fleisch 7,64 g verbleiben. Liebig zitiert ferner über die Zusammensetzung der Fleischasche und die beim Kochen des Fleisches in Fleischbrühe übergehenden Mineralstoffe Mitteilungen von Keller wie folgt:

1. Zusammensetzung der Fleischasche:

Phosphorsäure	36,60
Kali.	40,20
Erden und Eisenoxyd.	5,69
Schwefelsäure	2,95
Chlorkalium	14,81
	Summa 100,26

2. Beim Kochen gehen in die Fleischbrühe:

Phosphorsäure	26,24
Kali.	35,42
Erden und Eisenoxyd.	3,15
Schwefelsäure	2,95
Chlorkalium	14,81
	Summa 82,57

3. Im Rückstand verbleiben:

Phosphorsäure	10,36
Kali.	4,78
Erden und Eisenoxyd.	2,54
	Summa 17,68

Demnach wären von den Mineralstoffen insgesamt 82,2 %,
„ der Phosphorsäure „ 71,7 %,
„ Chlorverbindungen „ 100 %
wasserlöslich und in die Fleischbrühe übergehend.

Da 1 kg mittelfettes Fleisch im Durchschnitt
10 g Mineralstoffe, davon
3,75 g Phosphorsäure (P_2O_5) und
1,00 g Chlor, als Kochsalz berechnet, enthält
so müssen, wenn nach den Angaben Liebigs und Kellers
von den Mineralstoffen überhaupt 82,2 %, also 8,22 g,
„ der Phosphorsäure „ 71,7 %, „ 2,69 g,
„ dem Chlor „ 100,0 %, „ 1,00 g
in die wässerigen Auszüge übergehen, diese Mengen sich stets in der aus 1 kg Fleisch erhaltenen Extraktmenge vorfinden und demnach Extrakte der nachstehend berechneten Zusammensetzung resultieren. Die Tabelle zeigt aber, wie zu erwarten, dass die Liebigschen Voraussetzungen nur gelegentlich zutreffen.

Nr.	Erhaltene Extraktmenge aus 1 kg Fleisch	Wenn die ganzen vorhandenen 10 g Mineralstoffe, 3,75 g Phosphorsäure und 1 g Kochsalz in Lösung gingen, mussten sich finden:			Wenn 8,22 g Mineralstoffe, 2,69 g Phosphorsäure und 1 g Kochsalz nach Liebig u. Keller in Lösung gingen, mussten sich finden:			Tatsächlich wurden durch Analyse gefunden:			Es gingen also wirklich in Lösung von den ursprünglichen Mineralstoffen %		
		Gesamt-Asche	P_2O_5	NaCl	Gesamt-Asche	P_2O_5	NaCl	Asche	P_2O_5	NaCl	Asche [1]	P_2O_5 [2]	Kochsalz [3]
6	46,5	21,51	8,06	2,15	17,68	5,78	2,15	17,65	6,56	1,38	82,05	81,39	64,19
7	38,0	26,32	9,87	2,63	21,63	7,08	2,63	20,35	6,70	1,72	77,32	67,88	65,40
8	45,3	22,08	8,28	2,21	18,15	5,94	2,21	19,72	6,30	2,94	89,31	76,09	133,03
9	38,9	25,71	9,64	2,57	21,13	6,92	2,57	21,12	6,59	1,77	82,15	68,36	68,89
10	42,2	23,70	8,89	2,37	19,48	6,37	2,37	17,85	6,58	1,32	75,32	74,01	55,70
11	55,1	18,15	6,81	1,82	14,98	4,88	1,82	16,43	6,67	1,43	90,52	97,94	78,57

[1] Nach Liebig und Keller: 82,2 %; 75— 90 % tatsächlich.
[2] „ „ „ „ : 71,7 %; 67—100 % „
[3] „ „ „ „ : 100 %; 55— 80 % „

welche an den Mineralstoffen zeigt, wie bei verschieden hoher Ausbeute die Zusammensetzung der gewonnenen Extrakte sich verschieben muss.

Die Tabelle zeigt auch, dass die alten Ansichten Liebigs und Kellers über die Löslichkeit der verschiedenen Mineralfleischbestandteile nur in bedingter Weise zutreffend waren, und dass die Lösbarkeit der Chloride und Phosphate von den verschiedensten Umständen in komplizierter Weise beeinflusst wird.

Insbesondere aber zeigt sich, dass die angenommene vollständige Löslichkeit der Chloride bei Herstellung unserer Extrakte niemals konstatiert werden konnte, dass aber die oben von Liebig und Keller angegebene Löslichkeit der Gesamtmineralstoffe und der Phosphorsäure wirklich innerhalb der Grenzen der tatsächlich gefundenen Verhältnisse liegen.

Die Bernsteinsäure wurde von verschiedenen Forschern nach verschiedenen Verfahren ermittelt. Die ersten Nachrichten über das Vorkommen der Bernsteinsäure in Körpersäften verdanken wir Gorup-Besanez und Weidel. Beide Forscher haben aber lediglich das Vorkommen von Bernsteinstäure in qualitativer Weise beobachtet.

Der Erste, der dem Vorkommen der Bernsteinsäure eine Bedeutung zumass, war Salkowski (Ueber Autodigestion der Organe, Supplement zu Bd. 15 der Zeitschr. f. klin. Medizin 1890, S. 95). Salkowski kam zu der Vermutung, dass Bernsteinsäure im frischen Fleisch nicht vorkomme, vielmehr erst ein sekundäres Eiweissspaltungsprodukt sei, entstanden durch Reduktion der Asparaginsäure durch Bakterien.

Im Jahre 1894 prüfte Blumental (Virchows Archiv, Bd. 137. S. 593) auf Veranlassung Salkowskis frisches tierisches Gewebe auf den Gehalt an Bernsteinsäure und kam zu dem Resultat, dass physiologisch frische Fleischorgane keine Bernsteinsäure enthielten.

Wolff im Jahre 1903 (Hofmeisters Beiträge 4, 254) kam zu einem ähnlichen Ergebnis. Er fand im Fleisch 1—3 Tage nach der Schlachtung des betreffenden Tieres Bernsteinsäure entweder garnicht oder doch nur qualitativ nachweisbare geringfügige Mengen. Im Fleisch, das 4—5 Tage alt, noch geniessbar, wenn auch nicht mehr „frisch" war, fand er pro Kilogramm Fleisch 0,047 g Bernsteinsäure.

In 7 Tage altem bereits etwas fauligem Fleisch (alles von der gleichen Fleischportion des gleichen Tieres stammend) fand er 0,075 g Bernsteinsäure pro Kilogramm Fleisch.

Als das Fleisch ein Alter von 9 Tagen erreicht hatte, fand er pro Kilogramm 0,219 g Bernsteinsäure.

Kutscher und Steudel (Zeitschr. f. physiolog. Chemie, Bd. 38, S. 105) traten im gleichen Jahre 1903 der Untersuchung der Fleischextrakte näher und beschäftigten sich zunächst eingehend mit dem Vorkommen der Bernsteinsäure. Sie wandten zwei verschiedene Verfahren bei der Untersuchung von Liebigs Fleischextrakt, der ihr ausschliessliches Untersuchungsobjekt blieb, an und fanden nach dem einen Verfahren 0,65 bis 1,764 % Bernsteinsäure, nach dem anderen Verfahren ähnliche Mengen, in einem Fall sogar 2,206 %.

Baur und Barschall veröffentlichten im Jahre 1906 in den Arbeiten aus dem Kaiserlichen Gesundheitsamt Untersuchungen nach der gleichen Richtung und fanden in Liebigs Fleischextrakt 0,354 bis 0,388 % Bernsteinsäure.

Hans Einbeck (Zeitschr. f. physiolog. Chemie, Bd. 87, S. 150), der im Salkowskischen Laboratorium noch einmal der Frage näher trat, ob wirklich in dem Fleisch frisch getöteter Tiere keine Bernsteinsäure vorhanden sei, kam zu einer Einschränkung der bisherigen Auffassung, insofern er in Fleisch, das er 48 Stunden nach der Tötung des Tieres in Verarbeitung nahm, geringe Mengen von Bernsteinsäure auffand, nämlich in 1,8 kg Rindfleisch 0,133 g Bernsteinsäure = 0,074 g pro Kilogramm Fleisch. Als er das gleiche Fleisch 7 Tage später, also 9 Tage nach der Schlachtung untersuchte, fand er in 1,75 kg 0,22 g Bernsteinsäure, entsprechend 0,07 g pro Kilogramm Rindfleisch. Bei der Untersuchung eines Hundes, dessen Fleisch er zwei Stunden nach der Tötung in Arbeit nahm, konnte er aus 1,5 kg Muskelfleisch 0,24 g Bernsteinsäure, also 0,16 g pro Kilogramm erhalten. Aus Liebigs Fleischextrakt isolierte der gleiche Forscher in einem Falle 0,294 %, in einem anderen 0,30 % Bernsteinsäure.

Meine eigenen Ergebnisse nach der beschriebenen Methode zeigen, dass alle die genannten Forscher auf richtiger Fährte waren und dass der scheinbare Widerspruch zwischen dem Einbeckschen Befund bei frischem Fleisch und den Befunden früherer Untersucher seine Erklärung dadurch erhält, dass eben die Methodik zur Isolierung der Bernsteinsäure bislang nicht sicher genug war. Darüber waren sich ja auch die früheren Untersucher einig. Vergleiche insbesondere die Ausführungen von Baur und Barschall, welche schätzten, dass sie etwa die Hälfte der vorhandenen Bernsteinsäure bei ihrem Verfahren erhielten!

In Uebereinstimmung hiermit erscheint nunmehr die Angabe von Wolff (siehe oben), dass er bei Fleisch mit einem Schlachtalter von 1—3 Tagen bereits qualitativ nachweisbare Spuren von Bernsteinsäure beobachtet hat, wichtig.

Bei den von mir selbst hergestellten Extrakten aus Fleisch vom Tage der Schlachtung (5 Stunden nach der Tötung) fanden sich bei Herstellung durch Digestion 0,095 g Bernsteinsäure aus 1 kg Fleisch.

Bei 5 tägiger Autolyse stieg der Bernsteinsäurewert des mit Salzsäure besprengten Fleisches auf 0,197 g pro Kilogramm, bei dem mit Salzsäure ganz bedeckten Fleisch auf 0,233 g pro Kilogramm, bei langdauernder Autolyse (23 tägiger Aufbewahrung des Fleisches im Kühlraum) stieg der Bernsteinsäurewert auf 0,317 g pro Kilogramm, während bei unverwehrter bakterieller Tätigkeit bei Fleisch, das während 23 Tagen frei an der Luft hing, 0,565 g Bernsteinsäure pro Kilogramm Fleisch gewonnen wurden.

Diese Ergebnisse mit einer, wie ich glaube, wesentlich verbesserten analytischen Methode bestätigen vollinhaltlich den bisherigen Stand der Wissenschaft, dass auch in Fleisch, das sehr schnell nach der Tötung des betreffenden Tieres zur Verarbeitung gelangt, sich ebenfalls kleine Mengen von Bernsteinsäure vorfinden, dass aber bei autolytischer Zersetzung bald eine Steigerung auf wenigstens das Doppelte eintritt und das Fleisch, welches bakterieller Zersetzung anheimgegeben ist, bald einen 5—6 fachen Bernsteinsäurewert aufweist.

Die Annahme der früheren Forscher, dass die Bernsteinsäurezahl einen Anhalt darüber gibt, ob zur Herstellung eines Fleischextraktes des Handels frisches oder nicht mehr frisches Fleisch benutzt ist, ist deshalb durchaus zutreffend. Nach meinen Ermittlungen steigt für einen Extrakt mit normalem Wassergehalt und ohne fremde Zusätze der Gehalt an Bernsteinsäure nicht über 0,35 %; er ist sogar wesentlich geringer (0,25 %), wenn seine Herstellung nicht durch Auskochen des Fleisches, sondern nach den Angaben der Liebiggesellschaft durch Ausziehen bei mittlerer Temperatur geschieht. Die ermittelten Werte zeigen aufs deutlichste das

Anwachsen des Bernsteinsäuregehalts der Extrakte mit steigendem Alter des verwendeten Fleisches, sie zwingen zu der Annahme, dass das unter dem Namen Liebig im Handel befindliche Extrakt anders gewonnen sein muss, als die Mitteilungen der Fabrikleiter glauben lassen wollen. Ein Extrakt mit 0,47 % Bernsteinsäuregehalt kann nur aus Fleisch hergestellt worden sein, dessen autolytische Zersetzung bereits entsprechend vorgeschritten ist.

Tabelle V.

Bernsteinsäurebestimmungen nach der neuen Methode.

Einzelergebnisse und Durchschnittszahlen.

Name	Originalsubstanz					Normalextrakt mit 20 % Wasser				
	a	b	c	d	Durch-schnitt	a	b	c	d	Durch-schnitt
Liebig	0,449	0,449	0,482	0,504	0,471	0,45	0,45	0,48	0,51	0,47
Flagge	0,79	0,81	—	—	0,800	0,77	0,79	—	—	0,78
Dampfschiff . .	0,344	0,401	—	—	0,373	0,347	0,405	—	—	0,376
Bullox	0,37	0,403	—	—	0,387	0,36	0,40	—	—	0,38
Armour	0,278	0,304	—	—	0,291	0,28	0,31	—	—	0,295
Selbstgefert. 1	0,31	0,32	—	—	0,315	0,33	0,34	—	—	0,335
„ 2	0,251	0,27	—	—	0,260	0,24	0,26	—	—	0,25
„ 3	0,328	0,355	—	—	0,340	0,43	0,44	—	—	0,435
„ 4	0,455	0,50	—	—	0,478	0,57	0,63	—	—	0,60
„ 5	0,610	0,57	0,68	—	0,620	0,73	0,68	0,82	—	0,72
„ 6	0,804	0,824	—	—	0,814	1,01	1,04	—	—	1,025

Was den Stickstoff anbetrifft, so hat bekanntlich bis vor kurzem eine grosse Lücke in unserer Kenntnis der Verteilung des Stickstoffes im Fleischextrakt bestanden, bis endlich die neuesten Arbeiten Aufschluss brachten, indem sie unter Benutzung der von Fischer und Bergell gefundenen Methode zum Nachweis der Aminosäuren durch das Naphthalinsulfochlorid zeigten, dass der noch unbekannte Stickstoffrest fast völlig in Form von Aminosäuren sich findet. Bergell hat auch selbst in Bd. 89, S. 465, der Zeitschr. f. physiolog. Chemie über die Anwendung seiner Methode zur Erkennung der partiellen Hydrolyse von Fleischeiweiss berichtet und bei dieser Gelegenheit auch Fleischextrakte des Handels mit untersucht, nämlich Liebigextrakt, Bullox und Armour und konnte durchgehend feststellen, dass sämtliche Extrakte erhebliche Mengen von Aminosäuren-Stickstoff aufweisen.

Vergleichsweise untersuchte er eine frische Bouillon, die nicht zur Trockne eingeengt war und von der 1 ccm stets 1 g frischen Fleisches entsprach, sowie Extrakte, die er selbst sich aus frischem Fleisch und aus autolysiertem Fleisch hergestellt hatte. Zu seinen Versuchen wandte er stets Lösungen an, welche 8 g lufttrockenem Fleischextrakt bzw. Fleisch entsprachen, und fand:

1. In frischer Bouillon . . . . 0,037—0,049 g N,
2. Extrakt aus frischem Fleisch . . . 0,08568—0,8736 g N,
3. Extrakt aus autolysiertem Fleisch . 0,11828—0,11424 g N,
4. Liebigs Extrakt . . . . 0,15792 g N,
5. Bullox-Extrakt . . . . 0,11592—0,1092 g N,
6. Armour-Extrakt . . . . 0,1444—0,1478 g N.

Diese Befunde Bergells, welche die Herstellung der Fleischextrakte des Handels aus autolysiertem Fleisch in klarer Weise darlegen, wurden durch Versuche von Löb ergänzt. Löb[1]) hat die Bergellschen Versuche fortgeführt und, wie er sich ausdrückt, „im wesentlichen die Befunde Bergells bestätigen müssen". Seine Resultate, soweit sie uns hier interessieren, gehen dahin, „dass die einfacheren Aminosäuren, die bereits in der Abkochung von frischem Fleisch in geringer Menge vorhanden sind, durch die mit den verschiedenen Prozeduren verbundene hydrolytische Spaltung nicht in nennenswerter Weise vermehrt werden. Auch Löb erhielt aus der frischen Bouillon nur sehr niedrige Werte, konnte aber feststellen, dass bei einer der Darstellung der Bouillon vorausgehenden 24 stündigen Autolyse des Fleisches der Wert auf nahezu das 3 fache steigt, so dass für diesen Fall ein brauchbarer Anhaltspunkt für den Zustand der Hydrolyse gewonnen wird.

Noch ausgeprägter ist das bei dem Liebigschen Fleischextrakt der Fall, hier steigen die Werte auf das 4—6fache gegenüber den Werten aus frischer Bouillon. In dieser Anwendungsform dürfte daher das Bergellsche Verfahren in der Tat geeignet sein, über den hydrolytischen Zustand schnelle Aufklärung mit einer der Praxis genügenden Sicherheit zu bringen."

Ebenso grosse Beachtung wie der Aminostickstoff scheint mir auch der Ammoniakstickstoff zu verdienen, über dessen Herkunft wir auch nur unvollständige Kenntnisse haben. In den auf Normalwassergehalt berechneten Extrakten eigener Herstellung be-

1) Walther Löb, Die Anwendung der Naphthalinsulfochlorid-Methode zur Erkennung der partiellen Hydrolyse des Fleischeiweisses. Chemiker-Zeitg. 39. 58/59.

trug der mit Magnesia abdestillierte Ammoniakstickstoff bei den beiden Extrakten aus ganz frischem Fleisch 0,18 bzw. 0,20 %. Er stieg bei 23 tägiger Aufbewahrung des Fleisches auf 0,25 bzw. 0,26 % und betrug in den Extrakten aus mit Salzsäure behandeltem Fleisch auch nur 0,20 bzw. 0,28 %, während die Extrakte des Handels doppelt so hohe Zahlen ergaben, Liebigextrakt z. B. 0,41 %. Berechnet man, wie in der folgenden Tabelle VI, die einzelnen Anteile des Stickstoffes in Prozenten des letzteren aus, so sieht man unschwer, dass über

Tabelle VI.
Zum Stickstoff.

Nr.	Vom Gesamtstickstoff sind			
	N in fettfreier Substanz[1]	Albumosen-N[2]	Ammoniak-N[3]	Kreatin-N[4]
1	15,68	14,45	4,30	23,04
2	14,27	10,58	4,40	22,92
3	15,03	11,60	5,22	21,00
4	15,83	18,28	4,57	20,46
5	13,02	20,69	3,82	14,76
6	16,55	23,78	2,03	19,00
7	16,21	18,49	1,89	21,77
8	16,48	15,82	2,04	17,24
9	19,52	24,16	2,48	14,87
10	16,25	12,14	2,52	16,89
11	16,49	19,80	2,48	17,82

1) Der Gesamt-N in der fettfreien organischen Substanz soll wenigstens 14 % betragen (Codex alimentarius austriacus).
2) Nicht mehr als 25 % vom Gesamt-N dürfen Albumosen-N sein (ibidem).
3) Nicht mehr als 6 % vom Gesamt-N dürfen NH_3-H sein (ibidem).
4) Wenigstens 10 % vom Gesamt-N müssen Kreatin-N sein (ibidem).

2,52 % Ammoniakstickstoff bei unseren eigenen Extrakten nie erhalten wurden, dass aber auch die aus stark autolysiertem Fleisch hergestellten Extrakte des Handels noch weit entfernt sind, die vom Codex alimentarius austriacus zugelassene Grenze von 6 % zu erreichen. Diese erscheint vielmehr unmöglich hoch und muss ungefähr auf die Hälfte herabgesetzt werden, wenn anders man Fleischextrakt in Zukunft noch auffassen will, als was er bisher definiert wurde, als die Summe der aus frischem Fleisch gewonnenen wasserlöslichen Extraktivstoffe. Die hier erhaltenen Zahlen, die in einem so offensichtlichen Gegensatz zu den Zahlen der gekauften Extrakte stehen, zwingen genau so wie die Bern-

steinsäurezahlen, die Chloridzahlen und der Nachweis der beträcht-
lichen Mengen Aminosäurestickstoffes zu dem Schlusse, dass die
Rohmaterialien der Fleischextraktfabrikation dem Begriff
frischen Fleisches nicht entsprechen, wenigstens nicht, soweit sie
zur Herstellung der hier untersuchten Extrakte gedient haben.
Wenn auch der Anteil des Stickstoffes, welcher hier in den selbst
gefertigten Extrakten gefunden wurde, nur von 1,89 bzw. 2,03 auf
2,48 bzw. 2,52 nach eingetretener Autolyse gestiegen sind, so ist
das Ansteigen selbst doch ganz unverkennbar, da die Erhöhung
mehr als 25 % ausmacht.

Eine Unterstützung finden diese Ausführungen in einer Arbeit
von Micko in der Zeitschrift für Untersuchung der Nahrungs- und
Genussmittel, Bd. 27, S. 502. Micko hat zwar auch einen Fleischextrakt selbst hergestellt und dessen analytische Zahlen mitgeteilt.
Er bemerkte jedoch selbst schon, dass er ihn nicht als Typus
einer Handelsware angesehen wissen möchte, da er gelegentlich
seiner Versuche mit Rindfleisch die Brühen gesammelt und dann
zur Extraktkonsistenz eingedampft habe. Er hat also anscheinend
autolysiertes Fleisch und nicht mehr frische Brühe als Ausgangsmaterial benutzt.

Von höherem Interesse sind dagegen seine Untersuchungen
von hydrolysierten Extrakten des Handels. Er hydrolysierte
Liebig-, Flagge-, Dampfschiff- und Bulloxextrakt und bestimmte
vor und nach der Hydrolyse den Ammoniakstickstoff,
berechnet auf 100 Teile Gesamtstickstoff. Seine Resultate sind
folgende:

	vor	nach
	der Hydrolyse	
Liebig	0,39	0,90
Bullox	0,37	0,84
Flagge	0,35	0,78
Dampfschiff	0,42	0,90

Diese Zahlen zeigen auf das deutlichste, dass hydrolytische Prozesse zu einer ganz erheblichen Vermehrung des Ammoniakstickstoffes führen und dass der hohe Gehalt der Handelsextrakte daran,
wenn nicht vollständig, so doch zu einem erheblichen Teil mit
Autolyse und Hydrolyse im Zusammenhang steht. Wenn nach den
bisher vorliegenden Versuchen noch nicht definitiv geschlossen
werden kann, bei welcher Höhe des Ammoniakstickstoffes (bezogen
auf Gesamtstickstoff) der nicht mehr frische Zustand verwendeten

Fleisches als erwiesen anzusehen ist, so scheint mir doch sicher, dass alle Werte, die etwa über 2,2 bis 2,3 % hinausgehen, bereits einen gewissen Verdacht auf das verwendete Rohmaterial werfen.

Leider liegen von anderen Forschern bisher so gut wie gar keine Zahlen aus selbstgefertigten Extrakten vor, die unter so genau bekannten Umständen gewonnen wurden, dass ihre Verwertbarkeit eine rückhaltlose sein könnte. Auch die von Jona (Zeitschr. f. Untersuch. d. Nahrungs- u. Genussmittel, 1913, Bd. 26, S. 154) mitgeteilten Zahlen eines selbsthergestellten Extraktes sind leider ebensowenig verwertbar wie die des Mickoschen Extraktes. Jona gibt zwar an, wie er den Extrakt gewonnen hat, schweigt aber vollständig über das Alter des Fleisches (wenigstens in dem zitierten Referat). Ausserdem sprechen gegen die Verwertbarkeit seiner Zahlen neben dem ganz ungewöhnlich hohen Ammoniakstickstoff (5,7 % des Gesamtstickstoffes!) auch die von ihm mitgeteilten Kochsalzzahlen, da doch wohl als abnorm angesehen werden muss, wenn er in einem selbsthergestellten Extrakte eine 2,85 % Kochsalz entsprechende Menge Chlor gefunden hat.

Was den Kreatininstickstoff anbetrifft, so bewegen sich nicht nur die Extrakte des Handels, sondern auch die selbsthergestellten erheblich über der vom Codex alimentarius austriacus gezogenen Minimalgrenze von 10 %. Meine selbsthergestellten Extrakte, die im Kreatiningehalt hinter den Extrakten des Handels nicht unwesentlich zurückstehen, liessen schon gut die Forderung zu, dass vom Gesamtstickstoff wenigstens $12\frac{1}{2}$ % in Form von Kreatininstickstoff vorhanden sein sollen.

Eigenartig ist, dass die Extrakte des Handels so viel höhere Werte an Gesamtkreatinin ergeben haben, als die selbsthergestellten. Selbst der kreatininreichste Extrakt Nr. 7 kommt mit 5,61 % Gesamtkreatinin noch nicht ganz an den Liebigextrakt mit 5,92 % heran. Aber auch dieser bleibt hinter der von Geret[1]) aufgestellten Minimalforderung von 6 % etwas zurück. In keinem einzigen Fall, weder bei den gekauften, noch bei den selbstgewonnenen Extrakten konnte ich die Geretsche Minimalgrenze als erreicht feststellen. Da die hier hergestellten Extrakte, selbst wenn ich die Salzsäureextrakte ausscheide, Erzeugnisse sind, welche mindestens wie die

---

1) Zeitschr. f. Untersuch. d. Nahrungs- u. Genussmittel. 1912. H. 9 u. Konserven-Zeitg. 1913. Nr. 5 u. 6.

handelsläufigen Anspruch auf die Bezeichnung „Fleischextrakt" haben, so leuchtet ein, dass selbst, wenn man eine Zufälligkeit des Fleisches annehmen wollte, man bei ihnen doch unmöglich von unnormalen Extrakten sprechen könnte, nur weil sie der Geretschen Forderung nicht entsprechen.

Die ganze Methodik bezüglich der Bestimmung des Gesamtkreatinins ist ja auch noch viel zu sehr von subjektiven Momenten abhängig und bisher noch kaum als abgeschlossen zu erachten, als dass man sich jetzt bereits zu einer so exorbitant rigorosen Forderung entschliessen dürfte, wie sie Geret aufstellt.

Auch Baur und Trümpler (Zeitschr. f. Untersuch. d. Nahrungs- u. Genussmittel, 1914, Bd. 27, S. 697 ff.) kommen zu dem Resultat, dass die Kreatininfrage noch lange nicht spruchreif sei und die Aufstellung einer Normalzahl für den Gesamtkreatiningehalt als analytischen Wertmesser nicht angängig ist, zum mindesten so lange nicht, bis die angeführten Differenzen volle Aufklärung gefunden haben. Die genannten Autoren haben in ihrer Arbeit die Unsicherheit, welche den Kreatininbestimmungen an sich anhaftet, nicht nur gut beleuchtet, sondern insbesondere auch darauf hingewiesen, dass die Befunde an bisher zur Verfügung stehenden, aus absolut einwandfreiem Material selbsthergestellten Extrakten noch nicht ausreichten, um eine zahlenmässige Forderung aufzustellen.

Uebrigens weisen Baur und Trümpler Seite 709 auch darauf hin, wie der Liebigextrakt selbst einer Konstanz im Kreatiningehalt entbehre, und wie sie zum wenigsten seit 1905 ein beständiges Anwachsen seines Kreatininwertes beobachtet haben. Es fanden sich nämlich:

im Jahre 1909 . . . . . 5,57 % Gesamtkreatinin
Ende 1912 . . . . . . 6,30 % „
im Jahre 1914 . . . . 6,84 % „

in Liebigs Fleischextrakt.

Die genannten Autoren weisen übrigens ganz ausdrücklich darauf hin, dass methodische Differenzen an diesen Ergebnissen durchaus unbeteiligt sind.

Es bleibt auffällig, dass gerade ein fabrikmässig hergestelltes Erzeugnis, also ein Durchschnittsprodukt aus dem Fleisch zahlloser Tiere, auf einen so hohen Gehalt gestimmt ist, der sicherlich gelegentlich vorkommt, vielleicht nicht einmal selten, der aber doch unmöglich als durchschnittlicher Kreatiningehalt von Extrakten aus frischem Rindfleisch gelten kann[1]).

Tabelle VII.

Ausbeutenübersicht über die aus je 1 kg knochen-, fett- und sehnenfreiem Fleisch extrahierten Bestandteile.

Vorbemerkung.

a) 1 kg Fleisch nach König enthalten:

9,60 g Mineralstoffe, davon
3,75 g Phosphorsäure,
1,00 g NaCl.

b) Nach Liebig sind in 1 kg Rindfleisch enthalten:

8,06 g Ges.-Asche, davon wasserlöslich 7,06 g = 82,1 %
3,15 g Phosphors., „ „ 2,27 g = 70,7 %
1,27 g KaCl, „ „ 1,27 g = 100 %
entsprechend 1,00 g NaCl, „ „ 1,00 g = 100 %

Liebigs Angabe ist aber nur bei ganz fettem Fleisch richtig!

Mittelfettes Rindfleisch enthält 1,0 % Asche
Mageres „ „ 1,2 % „

| | a) Eigene Extrakte | | | | | | b) Liebigs Extrakte, wenn aus je 1 kg Fleisch erhalten werden | | | | |
	Nr. 6	Nr. 7	Nr. 8	Nr. 9	Nr. 10	Nr. 11					
Ausbeuten aus 1 kg Fleischextrakt mit 20 % Wasser . . .	46,5 g	38 g	45,3 g	38,9 g	42,2 g	55,10 g	30 g	35 g	40 g	45 g	50 g
Mineralstoffe	8,21	7,73	8,93	8,22	7,53	9,05	5,70	6,65	7,60	8,55	9.51
Kochsalz	0,64	0,65	1,33	0,69	0,56	0,79	0,96	1,12	1,28	1,44	1.60
Phosphorsäure (P_2O_5)	3,05	2,55	2,85	2,56	2,78	3,68	2,35	2,75	3,14	3,53	3.92
Gesamt-Kreatinin . .	2,34	2.13	2,05	1,76	1,97	2,67	1,78	2,08	2,37	2,67	2.96
Gesamtstickstoff . . .	4,58	3,64	4,44	4.40	4,35	5,57	2.87	3,34	3,82	4,30	4,78
Albumosenstickstoff .	1,09	0,67	0,70	1,06	0,53	1,11	0,41	0,48	0,55	0,62	0,69
Kreatininstickstoff . .	0,87	0,79	0,77	0,65	0,73	0,99	0,66	0,77	0,88	0,99	1.10
Bernsteinsäure	0,123	0,095	0,197	0,233	0,317	0,565	0,141	0,165	0,188	0,212	0,233

Wenn man die in Tabelle VII, einer Art analytischer Schlusstabelle, niedergelegten berechneten Zahlen betrachtet, welche nicht Prozentzahlen für Fleischextrakt sind, sondern angeben, wieviel von den einzelnen Extraktbestandteilen jeweilig aus 1 kg zur Verwendung gelangten Rindfleisches erhalten wurde, dann ersieht man, dass bei meinen selbsthergestellten Extrakten durchweg grössere Mengen Kreatinin extrahiert wurden, als sie nach den Angaben der Liebigkompagnie bei ihr erhalten werden können.

---

1) Vgl. auch die Ausführung im Anhang zu dem Artikel „Fleischextrakt" in dem soeben erschienenen Teil 2 des 3. Bandes von König.

Unter Zugrundelegung ihrer seit Jahrzehnten immer wiederholten Angaben, dass sie nur 3 % Ausbeute erhielten, würden, wie die Tabelle zeigt, aus 1 kg Rindfleisch nur 0,66 g Gesamtkreatinin erhalten sein können, eine so niedrige Zahl, wie ich sie nur bei einem der Salzsäureextrakte fand, während durchweg, besonders bei den vier ohne jegliche Chemikalienbehandlung gewonnenen Mustern, 0,73 bis 0,99, im Durchschnitt 0,845 g Gesamtkreatinin aus 1 kg Rindfleisch erhalten wurden, und das bei Extrakten, welche durchweg ärmer an Gesamtkreatinin sind als die Fleischextrakte der Liebigkompagnie.

Es ist schwer, hieraus abzuleiten, wie der hohe Gehalt des Liebigextraktes mit der geringen Ausbeute (0,66 g) pro Kilogramm angewandtes Rindfleisch in Einklang zu bringen ist.

Diese Verhältnisse lehren zunächst weiter nichts, als dass wir noch sehr weit entfernt sind, für den Gehalt der Fleischextrakte des Handels an Gesamtkreatinin eine Forderung aufzustellen.

Da übrigens das Kreatin wie das Kreatinin zur Bonität des Extraktes, zu seinem Verwendungswert ·[Geschmack und sekretorischer Wert[1])] in gar keiner Beziehung stehen und lediglich eine rein analytische Bedeutung zu beanspruchen haben, so scheint es sehr verfrüht, schon jetzt bei Vorliegen einer erst so ausserordentlich geringen Zahl von Analysen unter völlig bekannten Umständen selbsthergestellter Extrakte Minimalforderungen aufzustellen, noch dazu in einer Höhe, welche nur bisher beobachteten Maximalzahlen entsprechen.

Die Frage, ob in Extrakten des Handels Stickstoff nicht nur in Form von Albumosen, sondern auch in Form von Gelatosen vorhanden ist, konnte ich bisher nicht beantworten.

Die Arbeiten von Jona und Schmidt, welche in dieser Richtung einen Erfolg in Aussicht zu stellen schienen (siehe oben), enthalten eine Methode, welche aber nach meinen bisherigen Ergebnissen zur Beantwortung der hier angeregten Fragen noch nicht verwendbar ist.

Richtig ist, dass Ammonium-Molybdatlösung bei Gegenwart von etwas Salpetersäure mit äusserst verdünnten Leimlösungen die von Schmidt beschriebenen charakteristischen Niederschläge gibt.

---

1) Vgl. auch Bickel, Ueber die Wirkung der Aminosäuren auf die Magensaftsekretion. Intern. Beitr. z. Patholog. u. Therap. Bd. 5. H. 1.

Es ist jedoch nicht zulässig, aus dem Umstande, dass der durch Ammoniumsulfat aussalzbare Anteil von Fleischextrakten mit Ammoniummolybdat einen Niederschlag gibt, zu schliessen, dass er nun leimhaltig sei.

Wir erhielten bei sämtlichen untersuchten Extrakten des Handels die Molybdän-Niederschläge; aber auch die selbsthergestellten Extrakte gaben die gleiche positive Reaktion. Da es bei unseren eigenen Erzeugnissen ganz zweifellos war, dass von einem Leimzusatz keine Rede sein konnte, blieb nur die Alternative, dass entweder unsere Extrakte von der Darstellung her doch leimhaltig seien, oder dass das Schmidtsche Reagens nicht allein auf Leimstoffe wirke.

Es wurden deshalb Versuche angestellt, ob molybdänsaures Ammonium wirklich nur ein spezifisch auf Leim bzw. Gelatose wirkender Körper sei. Wir mussten leider feststellen, dass alle oder fast alle Eiweisskörper in ganz ähnlicher Weise wie Leim oder Gelatose gefällt werden, so dass das Eintreffen der Schmidtschen Reaktion allein noch· nicht als Beweis für die Anwesenheit von Leimstoffen gelten kann.

Wir prüften zu diesem Zwecke Gelatinelösungen, Lösungen von Eiereiweiss und Lösungen von Pepton-Witte, daneben eine Anzahl anderer Eiweisslösungen gemischter Art.

Da es hiernach den Anschein hatte, als ob in dem molybdänsauren Ammoniak ein allgemeines Eiweissreagens vorläge, stellten wir Versuche darüber an, ob dieses Reagens etwa als Ergänzung für die Biuretreaktion anzusehen sei und ob beispielsweise etwa beim Abbau von Eiweisskörpern das Verschwinden der Biuretreaktion und der Molybdänreaktion gleichzeitig einträfe, so dass man in Zukunft eine der beiden Prüfungen oder beide ausführen könnte.

Es stellte sich bald heraus, dass eine Gleichwertigkeit der beiden Reaktionen nicht vorhanden ist, sondern dass die Biuretreaktion zwar manchmal mit der Molybdänreaktion gleichzeitig verschwindet, dass die letztere aber in manchen Fällen noch positiv bleibt, wenn die Biuretprobe nicht mehr eintrifft.

Zunächst verschafften wir uns einen Anhaltspunkt dafür, welcher Verdünnungsgrad der zu prüfenden Lösungen für die Ausführung der Molybdänreaktion am zweckmässigsten sei. Die Angaben von Schmidt und Jona waren in dieser Beziehung nicht präzis genug,

Schmidt gibt zwar (Chemikerzeitung 1910, S. 839) an, dass er eine Leimlösung im Verhältnis von 1:500 angewendet hat, äussert sich jedoch nicht darüber, weshalb er gerade diese Konzentration wählte. Bei den von ihm angeführten Prüfungen mit reinen Leimlösungen erhielt er allerdings auch noch bei einer Verdünnung von 1:5000 eine intensive Fällung, während er bei einer Konzentration von 1:10000 nunmehr· eine starke Trübung (die nichts beweist!) feststellen konnte.

Unzutreffend ist aber die Schmidtsche Angabe, dass das Reagens nur für Leim charakteristisch sei, weil seine Versuche mit arabischem Gummileim, Samenauszügen und Eiweiss negativ verliefen.

Er gibt auch zu wenig über die angewendete Konzentration der Lösungen anderer Stoffe an, um erkennen zu können, weshalb er mit Eiweiss keine positive Reaktion erhielt. Vielleicht war die von ihm verwendete Lösung zu konzentriert, denn zum Gelingen der Molybdänreaktion bedarf es der Anwendung einer starken Verdünnung, ein Umstand, der von Schmidt nicht genügend klar erkannt zu sein scheint.

Jona (Zeitschr. f. physiolog. Chemie, Bd. 83, S. 465) stellt ein Konzentrationsverhältnis anscheinend überhaupt nicht fest, sondern sagt nur, dass die von ihm verwendete Wassermenge bei Wiederauflösung des Ammoniumsulfatniederschlages aus Fleischextrakt so gross war, „dass die Lösung fast farblos, demnach also sehr verdünnt war".

Wir stellten fest, dass eine sehr zweckmässige Verdünnung für die Ausführung der Schmidtschen Reaktion das Verhältnis von 1:750 ist. Es kommt nicht so genau darauf an, aber ungefähr ist dieses Verdünnungsverhältnis am geeignetsten. Lösungen aller Eiweisskörper in dieser Konzentration gaben, wie bereits berichtet, einen positiven Verlauf.

Nachdem dies festgestellt war, legten wir uns die Frage vor, ob das gesamte Eiweissmolekül oder nur gewisse Bestandteile desselben an dem Zustandekommen der Reaktion beteiligt seien.

Wir hydrolysierten deshalb eine Anzahl Eiweisskörper nach Fischer bis zum Verschwinden der Biuretreaktion und konnten zu unserer Ueberraschung feststellen, dass Leim auch nach vollständiger Hydrolyse den gleichen dichten Molybdänniederschlag gibt, dass dagegen die Lösungen von hydrolysiertem Kasein, Rindfleisch, Eiereiweiss und Pepton-Witte nicht mehr reagierten, sondern zum Teil nur noch Trübungen erzeugten, welche als positiver Ausfall der Schmidtschen Reaktion nicht anzusehen sind.

Im einzelnen ergab sich folgendes:

1. Eine Gelatinelösung, 5—6 Stunden nach Fischer mit Salzsäure (1,19) bis zum Verschwinden der Biuretreaktion erhitzt, dann so verdünnt, dass das Verhältnis der angewendeten Gelatine zur fertigen Lösung etwa 1 : 750 beträgt. Von dieser Lösung wurden 10 ccm in einem Reagenzglase mit 5 ccm einer Ammonium-molybdatlösung (1,2 %) und 3 Tropfen Salpetersäure (25 %) versetzt. Es entstand sofort ein starker Niederschlag.

2. Pepton-Witte, ebenso abgebaut und ebenso behandelt, ergab eine geringfügige Trübung.

3. Hühnereiweiss, ebenso behandelt, ergab nur eine Opaleszenz, keine Trübung.

4. Rindfleisch, ebenso behandelt, ergab eine schwache Trübung.

5. Kasein, ebenso behandelt, ergab eine schwache Trübung.

Gleichzeitig prüften wir noch, ob es zweckmässig sei, die zu untersuchende Lösung, welche ja doch stark salzsauer ist, vor Ausführung der Reaktion zu neutralisieren, zumal die saure Reaktion ja doch durch die Salpetersäure wieder hergestellt wird.

Es ergab sich aber, dass die Neutralisation sehr ungünstig auf den weiteren Verlauf einwirkte, indem die Unterschiede erheblich verwischt wurden, wenn sie auch nicht ganz verschwanden.

Die bisherigen, wenn auch noch nicht sehr zahlreichen Versuche lassen also die Hoffnung zu, in dem molybdänsauren Ammonium in der Tat ein Reagens für den Nachweis von Leim zu besitzen, wenn man zuvor eine vollständige Hydrolyse der zu prüfenden Eiweisskörper durchführt. Dass bei der Prüfung von Erzeugnissen, wie Fleischextrakt und dergleichen, eine Abscheidung der Proteine und Proteosen zuvor zu erfolgen hat, erscheint selbstverständlich.

Besteht so die Hoffnung, die Anwesenheit von Leim, bzw. aus Leim entstandener Proteosen in Gemischen qualitativ nachweisen zu können, so ist doch noch ganz unerwiesen, ob dieser Weg sich auch zu einer, wenn auch nur annähernd quantitativen Bestimmung eignen wird.

Versuche darüber werden vorbehalten und sind zurzeit in Bearbeitung.

Rationell scheint auch der Weg, aus den Produkten der Hydrolyse das Glykokoll zu isolieren und quantitativ zu bestimmen. Nach den Untersuchungen Abderhaldens, Fischers und anderer Forscher liefern zwar viele Eiweisskörper bei der Hydrolyse Glykokoll. Die für die normale Bereitung von Fleischextrakten in Betracht kommenden Eiweisskörper geben jedoch hierbei so wenig Glykokoll, dass eine genügend zuverlässige Feststellung unerlaubter Zuführung von Leimstoffen sehr möglich erscheint, weil nach Abderhaldens Angaben Leim bei der Hydrolyse 16,5 % Glykokoll liefert.

Es muss deshalb eine Minimalspannung zwischen Glykokoll und Albumosenstickstoff bei normalem Fleischextrakt vorhanden sein, die ich noch zu ermitteln gedenke.

Leim als solcher, das heisst in unveränderter Form, kann sich in Fleischextrakten aus Rindfleisch kaum finden. Es wird sich stets um Leimstoffe handeln, welche wenigstens in Gelatose umgewandelt sind, wenn nicht ein weitergehender Abbau stattgefunden hat.

Bei Kalbfleischextrakten oder überhaupt Extrakten aus dem Fleisch ganz junger Tiere ist natürlich die Anwesenheit unveränderten Leims wohl möglich. Solche Extrakte sind jedoch nicht marktgängig, da sie eine gallertige Beschaffenheit und nur sehr geringen Würzewert besitzen. Die normalerweise aus Rindfleisch entstehenden Leimmengen werden wohl samt und sonders auf dem Wege der Hydrolyse verändert werden.

Bekannt ist, dass Leimlösungen schon bei einfachem Kochen in Wasser nach einer Zeit ihre Gelierfähigkeit einbüssen. Viel schneller und vollständiger geht dieser Prozess aber vor sich, wenn die Leimlösung bzw. das Leim liefernde Bindegewebe statt mit einfachem Wasser mit verdünnter Säure gekocht wird.

Und das ist bei der Fleischextraktbereitung stets der Fall.

Die Säure, welche hier wirksam ist, ist die Milchsäure. Ihre Rolle bei der Fleischextraktbereitung ist bisher viel zu wenig gewürdigt worden. Sie verwandelte nicht nur den zunächst entstandenen Leim sofort in Gelatose, sondern baut ihn und auch andere Eiweisskörper vollständig ab bis herunter zu den Aminosäuren.

Die Milchsäure bewirkt auch, dass sich viel mehr Albumosen aus den Eiweisskörpern des Fleisches bilden, als möglich wäre, wenn die Extraktflüssigkeit neutral reagierte.

Zum ersten Male erscheinen meines Wissens in den hier beigefügten analytischen Tabellen Angaben über die Menge der vorhandenen freien Säure.

Es ist nicht angebracht, die gesamte zur Neutralisation erforderte Laugenmenge auf Milchsäure umzurechnen, weil sie es nicht allein ist, welche die Azidität bewirkt. Es sind aber auf alle Fälle grosse Mengen, welche hier mitsprechen und eine wesentlich grössere Berücksichtigung bei der Untersuchung des Fleischextrakts verdienen, als bisher geschehen ist.

Würden sich doch, wenn man die ganze Azidität auf Milchsäure beziehen wollte, in den Fleischextrakten des Handels Mengen über 10 % freier Säure berechnen!

Um unter diesen Verhältnissen über den Grad der Säurebildung bei Fleisch ein Mass zu besitzen, wurde folgender Versuch ausgeführt:

Wir bezogen von einem Fleischer ein Stück mageres Rindfleisch im Gewicht von 300 g, das nach den Angaben des Meisters von einem vor 3 Tagen geschlachteten Tiere stammte, also zum Beginn unserer Untersuchungen 4 Tage Schlachtalter besass. Wir zerschnitten das Fleisch in etwa 10 g schwere Würfel und bewahrten es in einer sauberen Porzellanschale auf, nur bedeckt mit einem Bogen Filtrierpapier.

Unter Vernachlässigung etwa verdampfenden Wassers und sonstiger Zersetzungserscheinungen nahmen wir jeden Tag ein Stück von etwa 10 g, zerkleinerten es noch weiter und kochten es in $^1/_4$ Liter Wasser 15 Minuten lang in einer Porzellanschale. Die Abkochung wurde nach dem Erkalten auf 350 ccm gefüllt, filtriert und mit $^n/_{10}$ Kalilauge titriert.

Es wurde stets eine Mehrzahl von Titrationen ausgeführt unter Anwendung von Lackmus, Lackmoid und Phenolphthalein als Indikatoren. Die Verwendung des letzteren Indikators erwies sich als am zweckmässigsten. Die in der folgenden Tabelle mitgeteilten Werte beziehen sich auf Phenolphthalein.

Für 100 g Fleisch waren zur Neutralisation erforderlich, ausgedrückt in $n/_{10}$ Kalilauge, berechnet als Milchsäure:

Tag nach der Schlachtung	$n/_{10}$ ccm	Als Milchsäure $\%$
4.	45,0	0,405
5.	47,5	0,428
6.	52,5	0,473
7.	55,0	0,495
8.	57,5	0,518
9.	57,5	0,518
10.	60,0	0,540
11.	60,0	0,540
12.	62,5	0,563
13.	65,0	0,583
14.	65,0	0,585

abgebrochen.

Hiernach ist die in die Extraktlösung mit übergehende Milchsäure vom 4. bis zum 14. Beobachtungstage von 0,405 g bis auf 0,585 g für je 100 g Fleisch gestiegen. Bei Annahme einer mittleren Extraktausbeute von 4,5 $\%$ würden sich also am 4. Tage 0,405 g Milchsäure in den 4,5 g Extrakt, also 9 $\%$, und am 14. Tage nach der Schlachtung 0,585 in den 4,5 g Extrakt, also 13 $\%$ Milchsäure befunden haben.

Um einen Anhaltspunkt dafür zu gewinnen, ob etwa durch den Konzentrierungsprozess die Azidität abnehme, wurde an einem Tage die doppelte Fleischmenge zur doppelten Menge Lösung ausgekocht, die eine Hälfte in gewohnter Weise titriert, die andere aber vor der Titration von 250 ccm bis auf etwa 50 ccm, also auf den 5. Teil eingeengt und dann ebenfalls titriert.

Es ergab sich hierbei nur eine äusserst geringfügige Differenz, so dass von einem Säureverlust durch den Konzentrationsvorgang nicht gesprochen werden kann.

Um aber auch einen ganz reinen Versuch zu haben, ob Milchsäure mit Wasserdämpfen in nennenswerter Weise flüchtig sei, wurden 250 ccm Milchsäurelösung hergestellt und deren Säurewert bestimmt.

10 ccm waren gleich 8,2 ccm $n/_{10}$ Lauge; die Lösung enthielt also 0,7384 $\%$ Milchsäure. Alsdann wurden 200 ccm in einen Destillierkolben übergeführt und 100 ccm abdestilliert. Diese 100 ccm erforderten zur Neutralisation 0,5 ccm $n/_{10}$ Lauge. Hier-

nach wurden weitere 50 ccm abdestilliert, die zur Neutralisation 0,95 ccm $n/_{10}$ Lauge erforderten.

Endlich wurden noch weitere 25 ccm durch Destillation entzogen, die ihrerseits 1 ccm $n/_{10}$ Lauge in Anspruch nahmen. Der Rückstand im Kolben wurde in eine Porzellanschale quantitativ übergeführt und bis auf ca. 5 ccm im Wasserbade eingeengt. Zur Neutralisierung waren ca. 162 ccm $n/_{10}$ Lauge erforderlich.

Der Versuch ergibt also, dass die ganze Milchsäure des Fleisches im Extrakt verbleibt, wenn auch mit steigender Konzentration kleine, nicht zu berücksichtigende saure Anteile mit dem Wasserdampf fortgehen.

Diese respektable Milchsäuremenge wirkt zunächst in der Verdünnung auf die gesamten Eiweissstoffe des Fleisches ein, indem sie zunächst Acidalbumin, dann Albumosen, schliesslich andere Abbaukörper bildet. Dass daneben auch die Mineralstoffe des Fleisches besser löslich gemacht werden, sei nur noch einmal kurz nebenher erwähnt. Die Milchsäure ist offenbar derjenige Bestandteil des Fleischextraktes, dem er seinen ganzen Wert indirekt zu verdanken hat, weil sie wenigstens die Abbauprodukte der Eiweissstoffe schafft, welche, wenn nicht den alleinigen, so doch den wesentlichen Wert des Fleischextraktes bedingen. Wie weit aber die 10 $\%$ Milchsäure sonst noch von Bedeutung für die übrige Zusammensetzung der Fleischextrakte sind, das zu ermitteln dürfte eine der wichtigsten Aufgaben der Chemie des Fleischextraktes sein.

Denn dass Milchsäure Eiweisskörper gerade so wie Salzsäure abbaut, wurde zum Ueberfluss noch durch besondere Versuche festgestellt, wenn der Abbau auch langsamer erfolgt als durch Salzsäure.

Bei der Fleischextraktherstellung war dieser Abbau bisher nur ein unbewusst nebenher laufender Prozess, dessen einzelne Stadien ganz unberücksichtigt blieben, weil die Fleischextraktfabrikation eben beendigt ist, sobald das Erzeugnis eine bestimmte Konsistenz und nicht, wenn es eine bestimmte Zusammensetzung erreicht hat.

Der Fleischextrakt ist eben keineswegs das, wofür er von Vielen Jahrzehnte lang gehalten wurde: Fleischextrakt ist nicht konzentrierte Fleischbrühe.

Fleischextrakt ist ein Präparat, welches zwar durch Eindampfen fettfreier, ungewürzter und besonders ungesalzener Fleischbrühe erhalten wird. Aber es findet keineswegs nur ein Konzentrierungsprozess statt! Wäre das der Fall, so müsste unweigerlich durch Wiederverdünnen der konzentrierten Substanz die ursprüngliche Lösung wiedergewonnen werden können. Dass das nicht der Fall ist, ist allgemein bekannt und ein unwiderleglicher Beweis dafür, dass während des Eindampfens der Lösung tiefgehende Veränderungen in ihrer Zusammensetzung vor sich gehen.

Wer einmal Fleischextrakt gemacht hat und aufmerksamen Auges neben dem Eindampfkessel stand, wird beobachtet haben, dass das Verdampfen des Wassers zunächst zu einem erheblichen Teil von statten geht, ohne dass sichtbare Vorgänge sich abspielen, welche anders zu verstehen wären, als dass eben die Lösung immer konzentrierter wird, dass also die gelbliche Farbe sich dem Konzentrationsgrade entsprechend vertieft.

Dann aber kommt plötzlich ein Moment, bei dem die eben noch gelbe Farbe innerhalb ganz weniger Minuten (es sind noch nicht 3—5 Minuten erforderlich) sich in braun wandelt und zwar zu einem Zeitpunkt, wo von einer Zunahme der Konsistenz absolut noch nicht gesprochen werden kann, da die Lösung noch vollkommen ihren rein wässrig-flüssigen Charakter hat.

Wenn ich mich der Sprache der Köche bedienen darf, möchte ich sagen: plötzlich verwandelt sich die einfache Brühe in Kraftbrühe, denn die echte Kraftbrühe unterscheidet sich bekanntlich von der gewöhnlichen durch ihren bräunlichen Farbton, der nicht durch Farbstoffe, Extrakt oder dergleichen bewirkt sein soll.

Dieser eigenartige Vorgang ist von mir bereits im Jahre 1900 aufgeklärt worden und führte zur Erteilung des Deutschen Reichs-Patentes Nr. 122459 an mich sowie einiger Auslandspatente.

Der Vorgang beruht darauf, dass die in der Brühe nie fehlenden Eisenverbindungen (aus dem Blutfarbstoff stammend) und die ebenfalls nie fehlenden Eiweissstoffe bzw. deren nächste Abbauprodukte (Albumosen) miteinander in Reaktion treten, sobald durch den Konzentrierungsvorgang die Reaktionsgrenze erreicht ist und jene braungefärbte Eiseneiweissverbindung bilden, der der Fleischextrakt zu einem erheblichen Teil seine dunkle Farbe verdankt.

Man kann sich schon im Reagensglase sehr leicht von der Richtigkeit überzeugen, wenn man eine dünne Albumosen- oder Eiweisslösung mit einer ganz verdünnten Eisenchloridlösung erwärmt. Die in der Kälte aufeinander nicht wirkenden beiden Stoffe geben beim Erwärmen der Lösung sehr schnell das braune Aussehen einer Fleischextraktlösung, wenn das Verdünnungsverhältnis einigermassen richtig gewählt ist.

Neben diesem mit den Augen verfolgbaren Umsetzungsvorgang spielt sich aber noch eine unbekannte Zahl anderer ab, von denen wir bisher nur sehr wenig wissen, deren wichtigster der Abbau der in die Brühe übergegangenen Albumine und Albuminoide bis zu den letzten Bausteinen des Eiweissmoleküls, den Aminosäuren, ist.

Dieser ausserordentlich tiefgreifenden Umsetzung verdankt der Fleischextrakt überhaupt erst seinen Wert, denn nur sie verleiht ihm die Würzkraft, die die uneingedampfte Fleischbrühe zuvor gar nicht besessen hat!

Aus der folgenden Ausführung kann man sich wenigstens den gesteigerten Würzwert einigermassen zahlenmässig vorstellen.

Wenn man ein Pfund fett- und knochenfreies Rindfleisch zur Herstellung einer Tasse Fleischbrühe benutzt, durch angemessenes Auskochen, so kann man $1/5$ Liter ausserordentlich wohlschmeckender und erfrischender Brühe erhalten, von der kein Geniesser sagen würde, sie sei zu stark oder gar ungeniessbar. Im Gegenteil! Jeder wird die wunderbare Brühe loben und sie mit Behagen verbrauchen.

Nimmt man nun an, dass das Fleisch nur 2 % Extraktivstoffe an die Brühe abgibt (wahrscheinlich werden $2\frac{1}{2}$ bis 3 % in Lösung gehen), dann hat man aus 500 g Fleisch 10 g Extraktivstoffe in $1/5$ Liter Fleischbrühe, ungerechnet das zugesetzte Salz und die Extraktivstoffe der Suppenkräuter!

Macht man dagegen aus Fleischextrakt eine Tasse Brühe, so wird das Höchstmaass dessen, was als angenehm empfunden wird, für $1/5$ Liter etwa ein Gramm Fleischextrakt sein. Selbst wenn man dieses Höchstmaass verdoppeln wollte (man käme unweigerlich zu einem nur nach Extrakt schmeckenden, als Brühe aber fast ungeniessbaren Getränk), so würde sich doch erst der fünfte Teil der Fleischextraktivstoffe der Brühe vorfinden, die als frische Rindfleischabkochung nicht nur geniessbar, sondern auch äusserst wohlschmeckend ist.

Hieraus folgt, dass der Würzwert der Extraktivstoffe durch den Eindampfprozess wenigstens auf das 10fache vermehrt wird.

Es bedarf keiner weiteren Worte, um zu belegen, dass eine derartige Steigerung der Würzkraft nur durch eine tiefgreifende chemische Zersetzung geschehen kann.

Was endlich die Ausbeutefrage, die ja zur Preisfrage in den denkbar engsten Beziehungen steht, anbetrifft, so habe ich ihr bei der Herstellung meiner Extrakte weitgehendste Beachtung zugewandt. Ich verweise bezüglich der Einzelheiten auf die in Tabelle VIII niedergelegten Resultate.

Tabelle VIII.

Tabellen über die Ausbeuten bei Herstellung der Extrakte.

Nr.	Angewandte Fleischmenge kg	Zugesetzte Wassermenge kg	Erhaltene Kolatur[1] kg	Pressrückstand[2] kg	Extrakt aus der Kolatur g	Wassergehalt des Extraktes %	Wassergehalt des Rückstandes %	Berechnete Extraktmenge im Rückstand g	Berechnete Ausbeute g	Berechnete Ausbeute %	Ausbeute reduziert an Extrakt mit 20% Wassergehalt g	Ausbeute reduziert an Extrakt mit 20% Wassergehalt %	1 kg Extrakt mit 20% Wasser erforderte also Fleisch kg
1	15	30	13,2	7,5	560	24,46	54	179	739	4,93	697,8	4,65	21,505
2	16	24	26	8	500	15,96	49,4	78	578	3,61	607,1	3,80	26,316
3	13	20	22,3	6,15	649	35,95	60,8	112	761	5,85	609,3	4,53	22,075
4	12,7	19	21,7	6	530	35,58	55,1	83	613	4,83	493,6	3,89	25,707
5	16	24	28	7,3	700	33,16	57,6	108	808	5,05	675,1	4,22	23,700
6	15	22	24	8,2	850	36,32	61,3	185	1035	6,90	826,2	5,51	18,149

1) Extraktgehalt der Kolaturen:
  1. 4,242 %.
  2. 1,923 %.
  3. 2,910 %.
  4. 2,442 %.
  5. 2,500 %.
  6. 3,542 %.

2) Berechneter Extraktgehalt des Pressrückstandes:
  1. 2,392 % (z. B. 100—4,242 = 95,758 g Wasser = 4,242 g Extrakt, 54 g Wasser also = 2,392 g Extrakt).
  2. 0,969 %.
  3. 1,822 %.
  4. 1,379 %.
  5. 1,477 %.
  6. 2,251 %.

Die Tabelle lässt deutlich erkennen, dass, wenn auch Liebig seinerzeit bei Ausarbeitung der Fleischextraktfabrikationsvorschrift mit 3 % Ausbeute gerechnet hat, jetzt, nachdem in den verflossenen Jahrzehnten die Fabrikationsweise sicherlich wiederholt und tiefgreifend geändert wurde, diese 3 % nicht mehr zutreffend sind.

Wenn deshalb verbreitet wird, dass zur Herstellung von 1 kg Fleischextrakt 34 kg fett- und knochenfreies Rindfleisch nötig sind, und an der Hand dieser Angabe der Hausfrau vorgerechnet wird, welche materiellen Vorteile sie hat, wenn sie statt Fleisch Fleischextrakt kauft, so ist das nicht mehr zu billigen, denn zur Herstellung von 1 kg Fleischextrakt werden, wie meine Versuche ergeben, nur zwischen 18,5 und 26,3 kg Fleisch erfordert.

Auch nur in dem einen Falle des Extraktes Nr. 2 (Nr. 7 der allgemeinen Tabelle) brauchte ich etwa 25,3 kg Fleisch für 1 kg Extrakt, während von dem stark autolysierten Fleisch nur 18,5 kg erforderlich waren. Man braucht aber nicht so weit zu gehen und eine Ausbeute von 5,51 % unterzustellen, wie bei Nr. 11, berechnet man aber aus Nr. 6, 8 und 10 die mittlere Ausbeute mit 4,5 %, so braucht man auch nur etwa 22,4 kg Fleisch für 1 kg Extrakt.

Der Gestehungspreis der Fleischextrakte bei Ausserachtlassung der Nebenerzeugnisse kann also nur zwei Drittel des behaupteten bezüglich der Rohmaterialien betragen.

Hiernach lässt sich das Hauptergebnis der vorliegenden Arbeit wie folgt zusammenfassen:

Hauptergebnis.

1. Die Ausbeute an Fleischextrakt und demgemäss auch die Zusammensetzung der gewonnenen Extrakte richten sich völlig nach der angewendeten Methode bei der Herstellung.

Da nach dem Tode eines Tieres die Bildung von Fleischmilchsäure beständig fortschreitet, so ist älteres Fleisch viel säurereicher als frisches. Der erhöhte Säuregehalt bewirkt nicht nur eine vollständigere Lösung der phosphorsauren Salze und anderer Mineralstoffe, sondern hat auch zur Folge, dass die Bildung von Albumosen reichlicher erfolgt. Demgemäss entstehen auch mehr Aminosäuren.

Daher gilt der Satz: Je älter das verwendete Fleisch, desto grösser die Ausbeute an Extrakt. 3 % Extraktausbeute, wie sie die Lehrbücher und Fabrikanten meist angeben, sind niemals zutreffend, sondern stets zu wenig. Die Ausbeute steigt vielmehr bis 5,5 %, sie beträgt im Mittel wenigstens 4,5 %.

2. Bei der Herstellung von Fleischextrakt soll in erster Linie destilliertes Wasser benutzt werden, natürliches Wasser

kann nur dann als zulässig gelten, wenn bei sonst befriedigender Beschaffenheit sein Gehalt an festen Bestandteilen 0,1 g pro Liter nicht übersteigt.

3. Der Gesamtmineralstoffgehalt betrug bei selbsthergestellten Extrakten im Mittel 18,07 %. Er schwankte von 16,43 % bis 20,35 %. Wenn auch Grenzen zurzeit noch nicht gezogen werden können, die für normale Extrakte als maassgebend anzusehen sind, so muss doch die alte Liebigsche Forderung bereits jetzt als unberechtigt bezeichnet werden, wonach 15—25 % als zulässige Grenzen angesehen werden. Sie sind viel zu weit.

Der Minimalaschengehalt für Rindfleischextrakt bei 20 % Wassergehalt dürfte etwa 16 %, der Maximalgehalt etwa 21,6 % betragen.

Die Forderung des Codex alimentarius austriacus, wonach der Aschengehalt in der Trockensubstanz der Fleischextrakte nicht über 27 % steigen soll, dürfte als berechtigt anzuerkennen sein.

4. Der Chlorgehalt in reinen Fleischextraktaschen, berechnet als Kochsalz, beträgt nicht über 10 %.

Die Forderung des Codex alimentarius austriacus (Bd. 2, S. 346), wonach der Kochsalzgehalt „reiner" Fleischextrakte weniger als 20 % der Asche betragen soll, ist ganz unverständlich und durch nichts gerechtfertigt.

5. Der Phosphorsäuregehalt in Fleischextraktaschen beträgt 30—40 %. Mengen über 41 % und unter 29 % deuten auf von der Norm abweichende Beschaffenheit.

6. Der Gesamtstickstoff in der fettfreien organischen Fleischextraktsubstanz soll nach dem Codex alimentarius austriacus wenigstens 14 % betragen. Gegen diese Forderung bestehen keine Bedenken. Dagegen wird es nötig sein, auch den Maximalgehalt festzusetzen. Grössere Mengen als 16,55 % Gesamtstickstoff bei selbst bereiteten normalen Fleischextrakten wurden hier bisher nicht beobachtet, so dass eine Maximalgrenze von etwa 17 % zurzeit als berechtigt erscheint.

7. Vom Gesamtstickstoff sollen wenigstens 12,5 % in Form von Kreatininstickstoff vorhanden sein. Die Forderung des Codex alimentarius austriacus, wonach wenigstens 10 % vorhanden sein sollen, ist nicht streng genug.

8. Vom Gesamtstickstoff dürfen in Form von Ammoniakstickstoff (durch Magnesia abdestillierbarer Stickstoff) nicht mehr

als 3 % vorhanden sein. Er nimmt mit fortschreitendem Alter des verwendeten Fleisches zu.

Die Forderung des Codex alimentarius austriacus, welche 6 % Ammoniakstickstoff zulassen will, ist völlig unberechtigt.

9. Der Albumosenstickstoff darf nach dem Codex alimentarius austriacus nicht mehr als 25 % des Gesamtstickstoffes betragen. Hiergegen sind nach den bisherigen Feststellungen Einwendungen nicht zu erheben.

10. Leimstickstoff ist bisher noch nicht quantitativ bestimmt worden, es wird eine Aufgabe der nächsten Zukunft sein, festzustellen, wieviel Stickstoff in Form von Leim bzw. dessen Abbauprodukten vorhanden sein darf.

11. Eine Mindestzahl für den Gehalt der Fleischextrakte an Gesamtkreatinin lässt sich einstweilen nicht aufstellen, da die zurzeit vorliegenden analytischen Zahlen aus selbsthergestellten, unter genau bekannten Verhältnissen erhaltenen Extrakten noch viel zu gering sind.

Der von Geret geforderte Minimalgehalt an 6 % Gesamtkreatinin ist unter allen Umständen zu hoch. Auch der Liebigextrakt wies bis vor kurzer Zeit einen geringeren Gehalt auf, ebenso die hier selbsthergestellten Extrakte, die sämtlich weniger als 6 % Gesamtkreatinin enthielten.

12. Die Methodik zur Bestimmung des Kreatiningehaltes von Fleischextrakten ist zwar erheblich vervollkommnet worden, und lässt für geübte Untersucher auch schon eine ziemlich weitgehende Genauigkeit zu, ist aber noch so voll subjektiver Momente und insbesondere bei der Ablesung mit soviel Unsicherheit verbunden, dass die Zahlen verschiedener Untersucher, besonders wenn sie mit verschiedenartigen Apparaten gearbeitet haben, zurzeit als nicht miteinander vergleichbar angesehen werden dürfen.

Die Folinsche Methode setzt voraus, dass genau gleiche Instrumente gebraucht werden und dass noch weitergehende präzisere Vorschriften für die Ablesung ausgearbeitet werden. Hierbei wird in erster Linie an Temperatureinflüsse gedacht, wie sie Baur und Trümpler beobachtet haben.

13. In Fleischextrakten, welche aus ganz frischem Fleisch gewonnen sind, findet sich stets auch etwas Bernsteinsäure.

Ihre Menge wächst jedoch schnell mit fortschreitender Autolyse und erreicht bei Fleisch, das etwa 5—6 Tage alt ist, bereits die doppelte Höhe und noch etwas später sogar den dreifachen Wert. Ein erhöhter Bernsteinsäuregehalt ist deshalb ein sicherer Ausdruck für die Verwendung autolysierten Fleisches.

14. Ein Leimgehalt ist in Extrakten des Handels bisher nicht als nachgewiesen anzusehen.

In welcher Menge Abbauprodukte des Leimes zu den normalen Bestandteilen des Fleischextraktes gehören, bleibt noch nachzuweisen.

Die bisher veröffentlichten analytischen Methoden haben nach dieser Richtung hin keine Klärung gebracht.

Es steht zu erwarten, dass durch vollständige Hydrolyse des durch Ammoniumsulfat aussalzbaren Anteiles der Fleischextrakte und nachfolgende Untersuchung entweder mit Ammoniumolybdat, oder durch Bestimmung des gebildeten Glykokolls eine Entscheidung wird getroffen werden können.

15. Ein nennenswerter Anteil des Gesamtstickstoffes ist stets in Form von Aminosäuren vorhanden. Der Würzwert der Fleischextrakte steigt offenbar mit der Menge Aminosäurenstickstoff.

Die bisher vorliegenden quantitativen Untersuchungen nach dieser Richtung lassen jedoch ein zahlenmässiges Bild noch nicht erscheinen.

16. Ein nicht unerheblicher Teil der Fleischextraktsubstanz besteht aus Milchsäure. Voraussichtlich sind es ca. 10 %. Die Milchsäure ist auch eine der Ursachen des Abbaues der in die Lösung gelangenden Eiweisskörper, voraussichtlich auch anderer tiefgreifender Umsetzungen bei der fortschreitenden Konzentrierung des Fleischauszuges.

17. Die dunkle Farbe der Fleischextrakte stammt zum grössten Teil daher, dass beim Eindampfen der Fleischbrühen in einem bestimmten Augenblick eine Konzentration erreicht wird, bei der die nie fehlenden Eisenverbindungen und die ebenfalls niemals fehlenden Eiweissstoffe sich zu einer braun gefärbten Eiseneiweissverbindung vereinigen. Obgleich diese Reaktion eine sehr feine ist, sind doch die ursprünglichen Fleischbrühen zu verdünnt, um die Reaktion schon bei der küchenmässigen Brühebereitung eintreten zu lassen.

18. **Liebigs Fleischextrakt** muss nach den Untersuchungs-
ergebnissen als aus autolysiertem Fleisch hergestellt angesehen
werden, welches zu irgend einem Zwecke auch mit Salzsäure be-
sprengt wurde, denn

a) sein **Mineralstoffgehalt** bewegt sich in normalen Grenzen;
   aber

b) sein **Chlorgehalt** ist auf etwa die doppelte Menge des
   normalen gestiegen, höher als bei Gesamtauflösung der
   im Fleisch überhaupt vorhandenen Chlorverbindungen möglich wäre;

c) sein **Bernsteinsäuregehalt** ist doppelt so hoch als
   bei Extrakten aus frischem Fleisch;

d) sein Gehalt an **Ammoniakstickstoff** ist mehr als doppelt
   so hoch als bei hier bereiteten Extrakten aus frischem
   Fleisch. Er ist sogar noch $1^{1}/_{2}$ mal so hoch als bei Extrakten aus 23 Tage altem Fleisch.

19. **Armour-Fleischextrakt** ist ein durch teilweise Wieder-
entsalzung eingedampfter Pökelbrühe gewonnenes Erzeugnis. Als
Fleischextrakt im Sinne der Handelsware Fleischextrakt kann es
nicht gelten.

Anhang.

In dem 1914 erschienenen 2. Teil des 3. Bandes von „Königs Chemie der menschlichen Nahrungs- und Genussmittel" ist auf den Seiten 122—139 der Artikel „Fleischextrakt" behandelt. Bedauerlicherweise muss gesagt werden, dass das genannte Werk, welches sich eines wohlverdienten allgemeinen Ansehens in der ganzen wissenschaftlichen Welt erfreut, bezüglich des Artikels „Fleischextrakt" nicht mehr als zeitgemäss bezeichnet werden kann.

Man muss dem Verfasser freilich in manchem zustimmen, z. B. wenn er Seite 123, im letzten Absatz, vom Kreatiningehalt sagt, dass die Angaben hierüber wegen der Ungenauigkeit der Verfahren zur Bestimmung dieser Basen noch recht schwankend sind.

König wäre sicher zu einer noch schärferen Beurteilung gelangt, wenn er nicht fortgesetzt das Fabrikat der Liebig-Gesellschaft als eine Art von Typus oder Normalware betrachtet hätte, während wir doch sonst gewöhnt sind, die an Lebensmittel zu stellenden Anforderungen aus der Untersuchung zweifelloser Ware abzuleiten, nicht aber von Handelswaren unbekannter Entstehung.

Denn er selbst kennt die Herstellung des Liebigextraktes auch nicht, was er durch den 1. Satz des 2. Absatzes: „Der Liebig-Fleischextrakt wird angeblich in der Weise gewonnen", zu erkennen gibt.

Was nun den Artikel im Einzelnen anbetrifft, so ist bereits die Definition unvollständig, dass Fleischextrakt „der eingedickte albumin-, fett- und wasserfreie Auszug des Fleisches sei".

Hier fehlt vor Fleisch das Eigenschaftswort „frisch", denn dass frisches Fleisch und nicht gepökeltes, autolysiertes oder sonstwie vorbehandeltes Fleisch das Ausgangsmaterial sein müsse, ist zweifellos.

Der Mangel ist erheblich, weil wir z. B. im Armourextrakt bereits eine Ware im Handel haben, die aus Pökelfleisch gewonnen ist.

Die Forderung der Abwesenheit von Albumin ist nur insoweit berechtigt, als unter „Albumin" koagulierbare Eiweissstoffe verstanden sind.

Im Gegensatz zu der gegebenen Definition steht die von König (wenn auch unter Vorbehalt: „angeblich") mitgeteilte Bereitungsweise in Hochdruckapparaten, deren Verwendung gerade zur Vermehrung der auch sonst in den Extrakt gelangenden Eiweissstoffe erheblich beitragen müsste.

Wenig wahrscheinlich dürfte sein, dass die auf irgend eine Weise gewonnenen Auszüge im Vakuum bis zum dicken Brei eingedunstet werden. Möglich ist, dass die Eindunstung teilweise im Vakuum erfolgt, die Schlusskonzentration erfolgt voraussichtlich nicht darin, weil solche Extrakte andere Geruchs- und Geschmackseigenschaften aufzuweisen pflegen, auch äusserlich anders beschaffen sind.

Der Liebigsche Fleischextrakt muss nach meiner Erfahrung Temperaturen von wenigstens 120° bei der Konzentrierung ausgehalten haben, da er unmöglich sonst so brenzlichen Geschmack aufweisen könnte.

Was auf Seite 123 oben über Alter und Geschlecht der Tiere geäussert wird, deren Fleisch zur Extraktbereitung Verwendung findet, ist ganz unkontrollierbar und würde deshalb am besten fehlen.

Zutreffend ist, dass Extrakte aus dem Fleisch jüngerer Tiere, wenn sie für sich allein auf den Markt kämen, wenig Anklang fänden. Das Fleisch jüngerer Tiere liefert aber viel mehr Extraktausbeute als das älterer, weil es viel leimhaltiger ist.

Nach meinen Erfahrungen ist es auch nicht der Fall, dass bei der Bereitung von Pferdefleischextrakt die Brühe beim Eindampfen wie Milch an der Oberfläche eine Haut bildet. Von mir selbst wiederholt hergestellte Extrakte waren Rindfleischextrakten geschmacklich mindestens ebenbürtig. Auch dass Schaffleischextrakte sich immer durch einen besonderen Geschmack kundgäben, ist nicht richtig. Es soll wohl gelegentlich Schaffleischextrakt geben, der seine Herkunft durch den Geschmack verrät.

Wiederholt aus dem Handel bezogene Schaffleischextrakte haben ebensowenig wie vier von mir selbst hergestellte Hammelgeruch oder -geschmack gezeigt.

Sollte ein flüssiger Fleischextrakt, wie König angibt, wirklich durch Behandeln des Fleisches mit Enzymen oder Chemikalien gewonnen sein, so würde die Bezeichnung „Extrakt" überhaupt nicht zutreffen. Tatsächlich wurden der Cibilsche und der Kochsche Extrakt in der Weise gewonnen, dass festes Extrakt und Kochsalz in Wasser gelöst wurden, so dass eine 25proz. Lösung mit etwa ebensoviel Kochsalz entstand.

Was König auf Seite 123 vom Kreatin und Kreatinin sagt, „alle Angaben über die Mengen des Gesamtkreatinins sind wegen der Ungenauigkeit zur Bestimmung dieser Basen recht schwankend", deckt sich mit meiner Auffassung, wie bereits ausgeführt.

Was Seite 124 in dem Absatz von Verfälschungen gesagt wird, ist sehr unvollständig. Um eine Fälschung zu konstatieren, muss man zunächst eine Normalware haben. Daran mangelt es aber noch. Ebenso ist es mit der Minderwertigkeit. Die Zusammensetzung von Fleischextrakten kann nicht nur beeinflusst werden durch:

1. zu grossen Wassergehalt,
2. Zusatz von Leim,
3. Zusatz von Kochsalz,
4. Zusatz von Pflanzenextrakten,

sondern von ebenso grossem Einfluss kann auch eine weitgehende Autolyse des benutzten Fleisches und die Art seiner Behandlung bei der Fabrikation werden.

Die von König beschriebene Analytik ist veraltet; sie gibt etwa den Stand wieder, wie er vor verschiedenen Jahren war.

Auf Seite 138, Ziffer 10 fordert er, den Kreatiningehalt nach dem Mickoschen Verfahren zu ermitteln. Das kann aber nur auf Irrtum beruhen, da Micko selbst seine Methodik lediglich zur Isolierung, nicht zu analytischen Zwecken angegeben hat.

Von Forderungen, die er Seite 138 aufstellt, sind verschiedene anfechtbar, z. B. Ziffer 5, wonach der Aschengehalt noch nach Liebigs Forderung zwischen 15—25 % schwanken darf. Vgl. hierzu die Ausführungen im Hauptteil.

Die Forderung in Ziffer 7, dass vom Gesamtstickstoff nur 6—8 % in Form von Proteosen vorhanden sein dürfen, ist etwas Unmögliches. Sind doch sogar im Liebigextrakt 14,45 % des Ge-

samtstickstoffes als Albumosenstickstoff vorhanden, in selbsthergestellten Extrakten bewegt sich der Gehalt zwischen 12,14 % und
23,78 %.

Die Forderung Königs ist wahrscheinlich auf einen Irrtum
zurückzuführen. Vgl. die bezüglichen Ausführungen im Hauptteil.

Die in Ziffer 8 als zulässig erklärte Stickstoffmenge in
Ammoniakform ist etwas zu hoch.

Die in Ziffer 9 für Chlor zugelassene Grenze von 15 %
Kochsalz in der Asche ist gleichfalls viel zu hoch. 10 % sind,
wie oben ausgeführt, eine völlig ausreichende Grenze.

Die Ausführungen zu Ziffer 10 sind längst überholt.

Die Phosphorfleischsäure Siegfrieds ist längst abgetan.
Der sehr milde Ausdruck bezüglich der Bernsteinsäure, dass „ihr
Vorkommen nicht als Anhaltspunkt für die fehlerhafte Darstellung
des Fleischextraktes angesehen werden darf", war bei Drucklegung
des Königschen Werkes noch nicht ganz berechtigt.

König konnte bei Niederschrift jener Zeilen noch nicht wissen,
dass in der Tat der qualitative Nachweis von Bernsteinsäure
in Fleischextrakt „eine fehlerhafte Darstellung", wie er sagt, noch
nicht beweist.

Aber die in den Handelsextrakten enthaltene Menge der
Bernsteinsäure ist eine zuverlässige Unterlage dafür, dass das verwendete Fleisch weitgehender Autolyse ausgesetzt war.

Die in Ziffer 11 geäusserte Forderung halte ich für nicht
weitgehend genug. Ein Fleischextrakt mit Zusatz von Dextrin oder
anderen löslichen Kohlehydraten kann selbst bei Deklaration
nicht mehr als Fleischextrakt vertrieben werden. Solche Gemische
mögen für irgendwelche Zwecke wohl geeignet sein, Fleischextrakte sind sie aber nicht mehr. Derartigen Mischungen
hilft keine Deklaration, sie erfordern eine vollständige Neubenennung.